존재하지 않는 것의 기록

이 도서의 국립중앙도서관 출판예정도서목록(CIP)은 서지정보유통지원시스템 홈페이지(http://seoji.nl.go.kr)와 국가자료공동목록시스템(http://www.nl.go.kr/kolisnet)에서 이용하실 수 있습니다. [CIP제어번호: CIP2017023560]

존재하지 않는 것의 기록

Writing Architecture

홍석범

진샘미디어

To my parents,
who read stories to me until I was 10

* 일러두기

한글 본문이 영문과 함께 수록된 경우 주(註)는 영문 하단에 별도 표기하지 않았다.
Regarding bilingualism, the footnotes for the second language text have been omitted.

창의 모순

이곳에서 창밖으로 보이는 모든 것들은 넓고 멀리 있으며 멀리까지 움직인다. 내가 관찰할 수 있는 사물은 한정된 것들이다. 나는 언제나 먼 곳을 바라본다. 맞은편 능선 위에 보이는 전신주는 내 속눈썹보다도 작다. 밤에 전투기가 뜨면 노즐에서 튀어나오는 푸른 불꽃은 점점 멀어지다가 작은 점 속으로 소멸된다. 이곳의 장점은 시야가 넓어진다는 것이다. 나는 이런 사물들을 통해서 인간과 도시의 척도를 초월하는 어떤 연속의 개념을 조금씩 터득해간다. 그리고 그것은 곧 지구라는 행성으로 이어진다. 지구를 하나의 행성이라고 부를 수 있다는 사실이 중요하다. 그것은 붙잡을 수는 없지만 강력하고 분명하게 느껴지는 전체에 대한 어떤 표상이기 때문이다. 차고의 기둥들, 이것들은 다시 창문이 되는데, 너머로 내 앞을 가로지르는 것은 바로 그 행성에 속하는 무엇이다. 나는 처음 이 장소에 도착했을 때 그 스케일에 깊은 감동을 받아 그것은 아마도 더 거대한 원주의 일부분일 뿐인 호라고 상상했었다. 거대한 것에 대한 상상은 더 거대한 것에 대한 상상을 불러온다. 나는 지금 이 행성의 이미지를 가지고 비로소 내가 원주라고 상상했던 그 무엇인가의 의미를 이해하게 된 것일까? 하이젠베르크는 비행기의 궤도를 가지고 '예측 가능성'과 '이해'를 비교한 적이 있다. 비행기의 궤도를 직선적으로 연장하면 우리는 이를테면 일정 시간이 지난 후 비행기가 있게 될 위치를 예측할 수 있다. 그러나 조종사에게 비행계획에 대한 설명을 듣고 난 후에만이 우리는 그 궤도 전체를 비로소 이해하게 된다는 것이다. 나는 이곳에서 언제나 전투기가 뜨고 내리는 것만을 본다. 원주는 그 모든 역학관계들이 이루는 하나의 전체이거나 그에 대한 하나의 상징이 될 것이다. 나는 어쨌든 바로 이것이, 전체에 대한 하나의 직관이, 바슐라르가 언급했던 내부의 존재에게도 주어져야 하는 바로 그 외부적인 운명[1]이라고 느끼게 되었다. 그리고 나는 그것이 창문이 되어야 한다는 믿음을 가지고 있다.

1 "그것은 존재를 무의식의 숙소 밖에서 살도록, 삶의 모험 속으로 들어가도록, 제 자신으로부터 빠져나오도록 이끈다. 그리고 물론 그것의 그러한 노력은 건강에 이로운 것이다. 왜냐하면 내부의 존재에게도 외부적인 운명 또한 주어져야 하기 때문이다. …우리는, 걸어가는 인간의 몽상, 길의 몽상이 있다는 것을 잊지 말아야 한다." 가스통 바슐라르, 「공간의 시학(*La poétique de l'espace*)」 동문선, 2003, p.86.

이 집은 빛과 공기, 풍경들에 대한 기록이다. 여기서의 가장 중요한 문제는 창문을 통해 어떻게 부분에서 전체로 나아가는가이다. 오르한 파묵은 그의 창문과 그가 15년 동안 응시했던 이스탄불의 풍경에 대해 그의 일부는 언제나 경관과 얽혀 있다고 말했다. 나는 그의 소설 속 다음 구절을 작은 칸막이 책상 앞에 붙여놓았다.

"어느 여름날, 열린 창문으로 들어온 햇빛이 드러난 벌꿀 색 팔에 닿을 때 그는 손에 든 조개껍질을 빠르게 문질러 종이에 광택을 내고 있었다. 그는 무심코 이 일을 하다가 문득 멈춘 뒤, 종이에 눈을 가까이 대고 흠이 있는지 유심히 관찰했다. 그 흠집 위에 조개껍질을 한두 번 다른 방법으로 문지른 다음, 다시 이전 방식으로 돌아가 빠르게 손을 앞뒤로 왕복하고는 뭔가를 상상하는 눈빛으로 창문 밖을 내다보았다. 그가 창문 밖을 보기 전, 아주 짧은 순간 그의 시선이 내 눈에 고정되었던 걸 절대로 잊지 못할 것이다. 이것은 훗날 나도 다른 사람들에게 했던 행동이다. 그 슬픈 시선에는 모든 도제들이 아는, 오직 한 가지 의미가 있다. 즉 환상을 꿈꾸지 않으면 시간은 결코 흐르지 않는다는 것이다."[2]

2 오르한 파묵, 「내 이름은 빨강(*Benim Adım Kırmızı*)」 민음사, 2004, p.303.

elevation, pencil

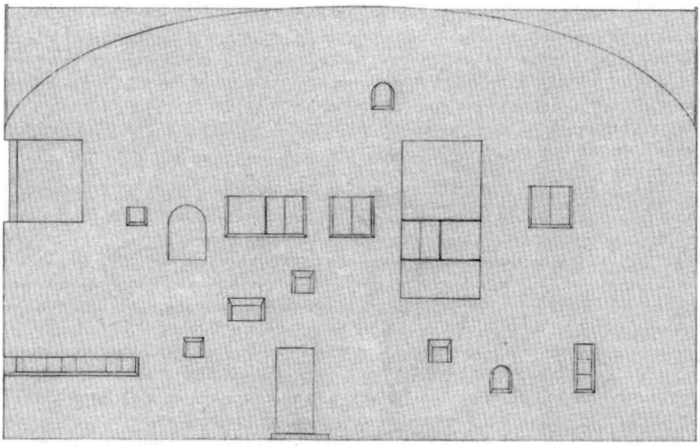

plans, pencil

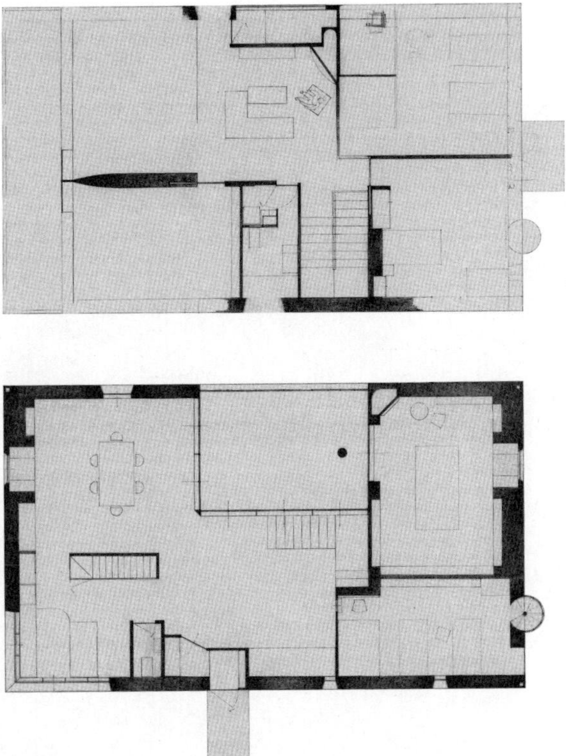

interior oblique projection, pencil

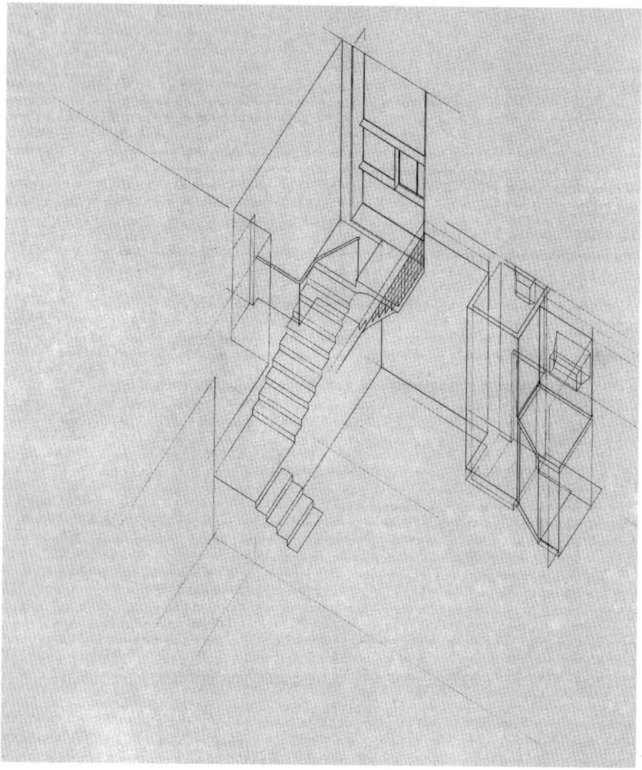

window detail oblique projection, pencil
window detail top view and section, pencil

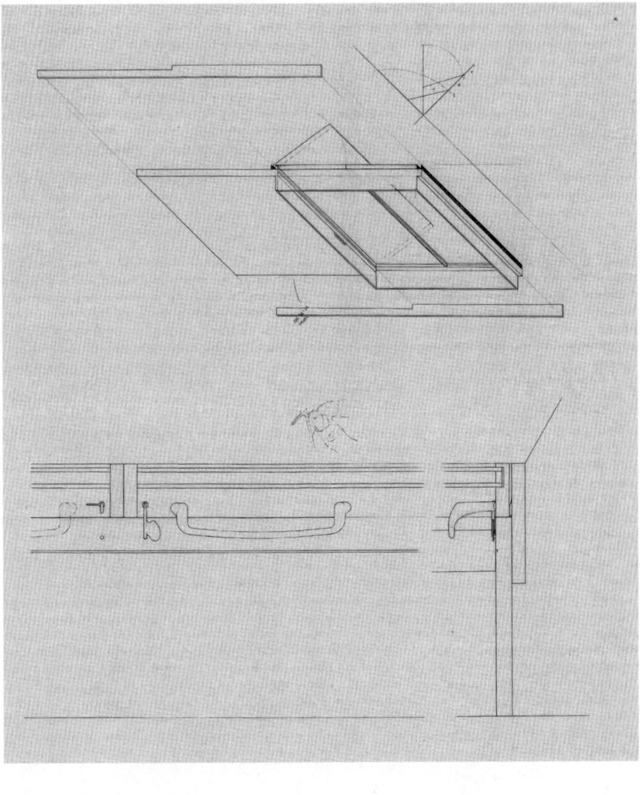

차례

돌로 지어진 거대한 페도라에는
아직 존재하지 않지만 꼭 필요한 것으로 받아들여진 것이 있고…

「보이지 않는 도시들」

'판타스틱 플래닛'에 대한 서문을 대신하여

존재하지 않는 것의 기록

시간은 지금 20분으로 맞춰져 있는 거죠? 제가 아까 존 헤이덕의 얘기를 잠깐 했는데… 그는 "I believe to record is to bear witness"[3]라는 말을 했어요. 저는 오늘 여러분에게 이 말에 대해 제가 이해한 내용을 말씀드리려 해요.

그가 그의 'Victims'라는 책에 대해 했던 이 말은, 아마도 도판과 텍스트를 인쇄한 그 출판물, 혹은 기록물뿐만 아니라 그 프로젝트 자체, 혹은 어쩌면 건축 자체에 대한 것이었기도 하다고 저는 생각해요. 이 프로젝트는 나치 정권의 희생자들을

3 "…I believe in books and the written word, therefore I fabricate works with the hope that they will be recorded in books. I am pragmatic and believe in keeping records. I believe to record is to bear witness. The book I wrote, *Victims* is to bear witness and to remember. I believe in the density of the sparse. I believe in place and the spirit of place." John Hejduk.

위해 베를린에 추모 공원을 계획하는 것이었기 때문에 여기서 'witness', 즉 기록으로서의 증언이라는 것은 건축가로서 헤이덕의 작업에 필연적으로 어떤 이중적인 의미를 부여하게 됐죠. 이 프로젝트가 실제로 지어지지는 않았거든요. 이 'to bear witness'라는 말은 사전적으로 '증언하다', '재판에서 증거를 제시하다' 또는 '증명하다' 등의 의미를 가지잖아요. 여기서 헤이덕은 기록, 혹은 기록하는 자의 역할에 대한 중요한 암시를 한 것처럼 느껴지죠. 저는 어떤 계기에 의해 이 문장을 곰곰이 다시 생각해보게 됐는데, 제가 제 나름대로 내리게 된 결론을 오늘 여러분에게 알려드리기 위해서 저는 먼저 제 자신의 기록을 보여드려야 합니다.

내용이 중요해서가 아니라… 그냥 일기라는 것을 보여드리기 위해 가져왔어요. 원본을 보여드릴까 하다가 아무래도 좀 숨기고 싶은 마음도 있어서 하나를 똑같이 써 온 거예요. 우리가 4년 만에 만나는 거잖아요.[4] 제가 생각해보면 그 기간 동안 저에게 일어났던 가장 큰 변화는 공군을 다녀온 것인데… 이 일기는 제대를 얼마 남겨두지 않았던 시점에 썼던 어떤 꿈

4 2013년 11월 1일과 16일 **객기보고서**에서는 그 해 한양대학교 건축학부 졸업생 9명이 모여 자신들의 작업과 경험을 발표했다. 5년간의 공부를 마무리하는 이 자리를 준비하는 데 많은 사람들의 도움이 있었고, 두 번의 행사 동안 200명에 달하는 청중들이 다녀갔다. 2017년 7월 8일 9명의 졸업생이 4년 만에 다시 모여 **객기보고서 후일담**을 열었다.

에 대한 일기에요. 오리처럼 날아가는 꿈이었죠. 제가 여기서 얘기해야만 하는 것은 바로 일기라는 것… 저는 한동안 정말 홀린 듯이 일기를 썼거든요. 군대를 다녀오신 분들은 잘 아시겠지만 군대에 가면 정신적으로 힘이 드니까 다들 어떤 형식으로든 일기를 쓰게 된다고 하죠. 근데 저는 그런 문제도 물론 있었겠지만 아마 일기라는 어떤 속성에 매료돼서, 말하자면 그 매력에 완전히 빠져서 정말 쉼 없이 썼던 것 같아요. 즐거웠거든요, 무엇인가를 쓴다는 것이. 제 특기는 비행과 직접적으로 연관된 소방, 구조 분야였기 때문에 활주로 바로 옆에서 근무와 생활을 함께 했어요. 활주로를 라인이라고 부르는데… 이곳이 정말로 근사합니다. 제가 근무했던 비행단에서는 각각 너비 120, 150피트의 거대한 두 라인이 정남에서 정북으로 나란하게 뻗어있어요. 그 가운데 서 있으면 기분이 이상해져요. 대단히 인공적이면서도 광막한 어떤 평면이 정교한 기계들을 받치고 있죠. 전투기가 이륙할 때 소음이 정말 무지막지한데 몸속 세포가 다 흔들려요. 보이지 않는 소리의 파도가 그 거대한 평면을 훑으면서 공기 속으로 사라진다고 생각하면 종종 소름 끼칠 때가 있어요. 내가 아주 작게 느껴지죠. 굉장히 아름다운 곳이에요. 저는 이제 다시 가보지 못하겠지만. 라인은 비행단 내에서도 기밀 지역이라 저희는 BX를 갈 때도 매번 출입증을 가지고 다녀야 했죠…

자대 배치를 받고 그런 전혀 새로운 생활에 완전히 적응을 하고 나서 한 6개월이 지난 후부터 저는 본격적으로 일기를 쓰기 시작했어요. 그 시작은 버지니아 울프가 당시의 제 나이와 같은 26살 때부터 썼던 일기를 그녀의 남편이 그녀가 죽고 난 후 편집해서 출간한 '어느 작가의 일기'라는 책을 읽으면서였는데… 너무 좋았어요. 그 이후로는 제가 두고두고 펴보는 책 중 하나가 됐죠. 저는 그 일기들을 읽으면서 마음의 안도 같은 것을 느꼈어요. 그러면서 나도 이와 비슷한 무엇인가를 해야겠다고 생각했죠. 초기에는 그녀를 많이 따라 했어요. 문체나… 그녀가 무엇인가를 묘사하는 방식. 울프는 항상 그런 문제들에 대해 고민했거든요. 그녀는 종종 무엇인가를 '붙잡는다'라는 표현을 많이 썼어요.[5] 근데 나중에 가서는 그게 저에게 아주 좋은 훈련이 됐죠. 그때 시작해서 제대 직전까지 1년 조금 넘는 기간 동안 매일 빠짐없이 일기를 썼어요. 제가 휴가를 나올 때마다 안에서 썼던 일기들 중 몇 개씩 타이핑을

5 "지금 내게 필요한 것은 시다. 그래서 술 취한 수병처럼 후회하고 있다… 곡물 밭과 헐렁한 파랑, 빨강 옷을 입은 추수하는 아낙네들의 무리, 그리고 노랑 옷을 입고 서서 바라보고 있는 소녀들을 어떻게 묘사해야 할지 따위를 요즘은 자주 고민하지 않는다. 그러나 이것은 내 눈 탓이 아니다. 일전에 찰스턴에서 돌아왔을 때, 저녁이 (놀랄 만큼, 그리고 넘쳐나리만큼) 너무 아름다워 내 신경은 곤두섰고, 빨개지고, 감전된 것 같았다(적절한 표현이 없을까?). 그래서 그 순간 그것들을 모두 붙잡아서 간직해 둘 수 없다는 것이 원망스러워졌다. …나는 마치 시험 삼아 손가락들을 펴고, 이것저것 허섭스레기로 가득한 터널 속 좌우편을 더듬고 있는 느낌이 든다." 버지니아 울프, 「어느 작가의 일기(*A Writer's Diary*)」 이후, 2009, p.131.

해놓은 것들이 있어서, 울프가 '젖은 붓 방식'이라고 불렀던, 하나의 전체적인 시점에 대한 시도로 저는 종종 일기들을 이렇게 타이핑해놓곤 했는데, 그 문서 정보에 보면 문자 통계가 나오잖아요. 여러분은 아시는지 모르겠지만 제가 좋아하는 A4 크기 노란색 아스트 줄 노트 50장짜리가 있어요. 그 노트를 제가 열 권을 썼거든요. 물론 양이 중요한 건 아니지만 제가 이걸 준비하면서 대충 계산을 해봤는데 그 열 권 분량이 60만 자 정도 되더라고요. 200자 원고지 4000장 분량인데… 도대체 쓰고 싶었던 말이 뭐가 그렇게 많았을까… 그 과정에서 제가 깨닫게 된 두 가지 중요한 사실이 있어요.

첫째로 도대체 일기를 왜 쓰는가… 여유가 좀 생기게 되면서 좋은 책들을 읽기 시작하니까 생각이 많아졌어요. 마땅한 배출구가 없이 계속 읽기만 하니깐 나중에는 뇌가 감당을 못하는 느낌이 왔죠. 욕구불만 같은 것이었다고 생각해요. 근데 제가 그림에는 소질이 없으니 글을 쓰기 시작한 거죠. 거의 매일 두세 시간씩은 일기를 쓰면서 보냈던 것 같아요. 주변에서 뭘 항상 그렇게 쓰고 있냐고 다들 의아해했죠. 아마 진짜 이상한 사람이라고 생각했을 거예요. 그때 제가 기록했던 내용들을 지금 다시 보면 크게 두 가지에요. 첫째로 묘사하기. 두 번째로는 제가 좋았던 글들을 필사해두거나 그에 대한 감상 혹은 저의 생각들을 썼어요. 둘 다 아주 좋은 글쓰기 훈련이었는데 그중 특히 묘사하기는 후에 제가 고민하게 된, 도대체 내가, 우리가, 일기를 왜 쓰는가 하는 문제에 답이 됐죠. 지금도 생생히 기억나는, 제가 아주 행복했던 순간들은 대부분 제가 운이 좋게 어떤 굉장히 좋은 문장을 썼을 때였어요. 여기서 좋다는 의미는 바로 제가 바라던 바를 완전히는 아니더라도 아주 유사하게 나타내주는 어떤 표현이었다는 의미에요. 루이스 칸은, 정확하게 그가 사용했던 단어는 지금 기억이 나지 않는데, 결국 쓰인 한 줄은, 그리고 그것은 실제로 어느 한 시점에 쓰일 수밖에는 없을 텐데, 그것의 원천이었던 시인의 영감보다 언제나 덜하다는, 혹은 이와 비슷한 말을 했죠.[6] 하지만 우리들은 그 시도 속에서 종종 어떤 행복 혹은 만족감을 느낀다고 생각해요. 무엇인가를 **붙잡는** 시도를 했을 때, 써놓고 보니 정말 잘 쓴 경우, 운이 좋다면 분명 그런 순간들은 존재하게 마련이죠. 지금 이 일기만 봐도… 제가 계속 고쳐 썼잖아요. 제 일기를 보면 고친 부분이 굉장히 많아요. 썼다가 줄을 긋고 다시 쓴 문장들도 많죠. 시도하는 거죠. 말하자면 어떤 형용 불가능한 감정, 현상에 대한 하나의 가능성을 제시하는 것이죠. 하지만 그 감정은 완전히 저만의

---

6 "Feeling and dream has no measure, has no language, and everyone's dream is singular. …The first line on paper is already a measure of what cannot be expressed fully. The first line on paper is less." Louis I. Kahn, 「Louis Kahn: Essential Texts」 W. W. Norton & Company, 2003, p.63.

것이었기 때문에 그것을 시도할 수 있는 사람은 저밖에 없어요. 그래서 내 속에서 발견했던 어떤 이상, 완전히 붙잡을 수 없는 무엇인가에 대한 묘사… 그것을 계속 어떻게든 써보려고 노력하는 것, 그건 곧 소유욕이에요. 아름다운 것을 붙잡고 싶고 내 것으로 만들고 싶은 거죠. 파우스트는 마지막에 세계를 향해 "멈추어라, 너 정말 아름답구나!"라고 외치잖아요. 저는 이것이 일기를 쓰는 이유라고 생각해요. 모든 묘사, 모든 표현의 이유죠. 제가 지금 문득 떠오르는 문장이, 부끄럽지만 제가 썼던 것인데, 어느 가을 아침 제가 정문으로 이어지는 언덕을 걸어 올라가고 있었는데, 아마 면회 오신 부모님을 만나러 가는 길이었던 것 같아요, 모든 게 좋아 보일 수밖에 없었죠, 작은 회오리 돌풍이 일면서 길가에 모아져 있던 낙엽들이 사방으로 데굴데굴 굴러갔어요. 그 작고 아기 손바닥처럼 쪼글쪼글한 잎사귀들이 와르르 흩어지는데 저는 '마치 꼬마 아이들이 술래잡기를 하는 모습 같네'라고 생각했어요. 그날 그 문장을 생각해 낸 것 덕분으로 아마 저는 하루 종일 행복했던 걸로 기억해요. 그 문장이 특별히 마음에 들었거든요. 아마 그 문장은 제 일기 어딘가에 적혀 있을 거예요. 미야자키 하야오가 한 초등학교에서 특별 수업을 하면서 했던 신비로운 말, 즉 애니메이터들 중 특별히 바람에 흔들리는 나무나 흐르는 물을 잘 그리는 사람들은 움직이는 군중 또한 잘 그린다는 말을 제가 읽게 된 것은 그 몇 주 후였어요. 이런 즐거움이죠. 근데 이 글쓰기로서의 기록이라는 것이 참 재미있는 게, 우리가 무엇인가를 기록할 때, 수학 방정식과 같은 인간을 초월하는 사실들이 아니라면, 우리는 어떠한 사건을, 이를테면 꽃잎이 떨어지는 한 순간을, 절대적으로 객관적으로, 혹은 이런 표현이 가능하다면 절대적으로 정확하게 기록할 수가 없잖아요. 그리고 어쩌면 전혀 그럴 필요가 없을지도 모르죠. 객관성. 이런 단어들은 우리가 발명해낸 것에 불과해요. 저는 개인적으로 진리라는 것이 있다면 그것은 객관적인 것과는 아무런 연관이 없을 것이라고 생각합니다. 제가 봤던 꽃잎의 빨강은 여러분이 본 빨강과 전혀 다른 색이죠. 여기서 이미 어떤 기묘한 전환이 일어나요. 말하자면 모든 기록이라는 것이 사실은 본질적으로 지극히 개인적이며, 그와 동어반복적으로는 창조적일 수밖에 없다는. 제가 경험했던 하늘 중 가장 기억에 남는 하늘이 빈에서 봤던 연보라색 하늘이에요. 당시에 저는 강박적으로 그 순간, 그 경이로움, 그 색깔을 기록해두어야 한다고 느꼈어요. 지금 그 부분의 묘사를 다시 읽어보는 것은 저에게 굉장히 큰 즐거움이에요. 제가 그걸 글로 썼잖아요. 슬프게도 저는 영원히 그 오묘한 연보랏빛, 아마도 서서히 마젠타로 물들던 그 거의 회색빛에 가까웠던 연보랏빛 색을 다시 볼 수 없지만, 그 순간 그 찰나의 미묘한 변화들을 글로 기록해놓은 것을 보면서 저는 이제 그와 꽤나 유사한, 혹은 아주 가끔씩은 그보다도 더 아름다운 어떤 하늘을 기억, 혹은 상상해냅니다. 그건 글만이 할 수 있는 일이죠. 기존의 경험을 토대로 새로운 경험을 주는 것. 결국 기록은 언제나 창조적인 작업이 될 수밖에 없어요. 그리고 저는 그것이 바로 **문학**이라고 생각하게 되었죠.

제가 두 번째로 깨달은 것은 이러한 문학, 혹은 글, 혹은 글쓰기로서의 기록, 이 모든 것은 사실 다 같은 것이라고 저는 생각하는데, 이것이 도대체 **어디서 오는가** 하는 것이에요. 아침에 제가 컵을 깼습니다. 컵은 종종 깨지죠. 대수롭지 않은 일이에요. 그건 컵이 깨진… 어떤 사건이라고 말할 것도 없는 일이죠. 컵이 깨지고 나서 그 순간은 그냥 지나가버리잖아요. 그런데 만약 제가 그 일을 친구에게 얘기를 하게 되면, 이를테면 "아침에 내가 컵을 깼어" 하는 식으로, 벌써 무엇인가가 달라졌죠. 그 변화가 무엇인지는 모르겠지만… 확실히 달라졌어요. 만약 이걸 이제 쓴다면, 너무나 신기하게도, "컵이 깨졌다"라고 쓰는 그 순간에, "꿈속에서 나는 오리였다"라고 쓰는 순간에, 무엇인가가 바로 그 지점에 붙잡혀요. 그리고는 전혀 다른, 새로운 이야기가 되죠. 내가 '꿈'이라고 여기 바로 이 자리에 쓰기까지, 이 지점까지 이어져온 무한한 공백이 있잖아요. 그리고 이 문장이 끝난 직후부터 또 다른 어떤 알 수 없는 공백, 흰 종이, 아무것도 없는 것이 이어지겠죠. 전 그곳에 무엇이 있었는지, 혹은 있게 될지 몰라요. 단지 그 순간에 어떤 단순한 우연에 의해서, 누군가는 그걸 운명이라고 부를 텐데, 그 말을 그곳에 썼을 뿐이죠. 펜과 잉크를 가지고… 무엇인가를 **있도록** 하는 것이죠, 그 자리에. 그것을 통해 컵이 깨진 아주 단순한 일이, 마치 영화에서 슬로 모션 기법으로 촬영된 영상처럼, 컵이 우주에서 유영하는 운석처럼 서서히 떨어져서 바닥에 부딪히는 순간 그 파편들이 분수처럼 초현실적으로 흩어지는 듯한, 어떤 대단히 감각적인 방식으로 있게 된다는 거예요. 저는 바로 이곳에서 문학이란 것이 시작하지 않았을까 하고 생각해요. 호르헤 루이스 보르헤스는 글쓰기의 마술적인 효과에 대해 여러 차례 언급했었는데요, 그러한 어떤 연금술적인 신비, 언어를 재료로 하는 인간적인 활동의 신비를 저는 일기를 쓰면서 새삼 다시 생각하게 됐어요.

제가 최근에 유학 준비를 하면서 지금까지의 제 작업들을 한 권의 책으로 정리했는데, 아마 이러한 글쓰기 연습이 미미하게나마 첫 번째 결실을 본 시도가 아니었나 싶어요. 이 중에 제가 오늘 간단하게 언급하고 싶은 프로젝트가 제가 '판타스틱 플래닛'이라고 부르는… 4학년 때 시작을 해서 제대 이후 2년간 약간의 발전이 더 있었던 서커스 프로젝트인데요, 이 프로젝트는 제가 학교에서 했던 작업들 중 그나마 제가 하고 싶었던 말을, 이건 **디자인**이라기보다는 확실히 **말**이었다고 생각하는데, 불완전하지만 어느 정도는 만족스럽게 다 했다고 생각하는 작업이에요. 그 결과물이 건축적으로 완성도가 있다기보다도 이 프로젝트에서는 그 주제였던 서커스와 무대 그리고 건축에 대한 다양한 고민들이 어느 한 지점으로 모아져서 제가 만지고 계속 발전시킬 수 있는, 영어에는 'tangible'이라는 아주 좋은 단어가 있는데 아쉽게도 우린 그런 단어가 없죠, 어떤 결과물, 중간 결과물이 나왔다고 생각해요. 바로 이 '시인/철학자/광대와 건축가의 판타스틱 플래닛에 대한 대화'라는 텍스트가 그 결과물인데요, 저는 개인적으로 이 텍스트를 쓰면서 굉장히 즐거웠어요. 그 이유가… '판타스틱 플래닛'에서는 특히나 이 건축물이 실제로 지어지는 과정이 아주 중요했는데 그건 지금 상황으로는 불가능하잖아요. 그래서 이 건축물을 지은 건축가와 이 건축물이 지어진 도시의 한 사람이, 혹은 세 사람이 대화를 해요. 이 건축물이 지어진 과정에 대해서. 그리고 제가 그 대화를 정리한 글이 이 텍스트가 됐죠. 이들은 이 대담을 통해 한 건축물의 역사를 기록하고 있어요. 그리고 저는 제3자인 한 익명의 서기로서 그들의 대화를 다시 기록한 거죠. 근데 이 기록은 사실은 기록이 아닐 수도 있잖아요, 아직 지어지지 않았으니까. 저는 다 쓰고 나서야 이 작업이 제가 직면했던 어떤 건축적인 한계를 문학적으로 극복하고자 했던 하나의 시도였다는 사실을 이해하게 됐어요. 보르헤스의 환상적 리얼리즘과 비슷한 기법이라고 할 수도 있겠네요. 저는 이 건축물이 실제로 지어진 이후의 이야기를 하면서, 정말로 이 건축물이 지어졌다는 생각에 행복했죠. 좀 이상하게 들리는 말이지만 실제로 바로 그랬기 때문에 저는 이 텍스트를, 혹은 기록을, 이런 단어가 의미가 있을지는 모르지만 진실하게 쓸 수 있었어요. 그 과정에서 저는 이 이야기라는 것이, 그것은 헤이덕의 경우처럼 역사의 한 부분이 될 수도 있고, 저의 경우처럼 그 기록을 만들어내는, 창조해내는 하나의 컨텍스트, 말하자면 문학적 영감이 될 수도 있을 텐데, 바로 이러한 이야기의 마술, 아주 단순하게 저로 하여금 일기를 쓰도록 만들었던 그 힘이, 건축에서 칸이 디자인이라고 정의했던 바로 그 작업의 본질적인 시작점일지도 모른다는 사실을 어렴풋이 깨닫게 되었어요. 다시 말하면, 저는 디자인은 언제나 텍스트의, 그리고 반대로 텍스트는 언제나 디자인의 일부분이라는 생각을 하게 됐어요. 그리고 이러한 문학적인 글쓰기가 건축에 있어서 제가 추구하는 통합으로 향하는 하나의 길이 될 수도 있다고 생각하게 됐죠. 내용이 형태가 될 수 있는 통로가 바로 이러한 문학적 글쓰기가 아닐까…

시간이 조금 남아서 약간의 부연 설명을 할 수 있을 것 같네요. 제가 군대에서 자주 읽었던 작가 중 한 명이 니체인데요, 그는 말하자면 사색하는 반항아였죠. 끊임없이 전통을 초월하고자 했다는 측면에서 굉장히 진보적인 사상가였습니다.

그는 그때까지 전승된 방식으로 그의 책을 쓰지 않았어요. 말하자면 그는 그의 사유를 어떠한 형식으로든 논증하지 않았죠. 그 대신 그는 그가 가장 심혈을 기울여 집필했던 주요 저서들을 경구 혹은 시와 같은 문학적 언어를 가지고 썼어요. 그가 생각했던 가장 이상적인 인간상, 그가 '위버멘쉬'라고 불렀던 개념을 가지고 그는 '차라투스트라는 이렇게 말했다'라는 책을 썼는데 그 책은 철학서라기보다는 아주 상징적인 하나의 시가에 가까워요. 이 시도를 통해 니체는 문학적인 방식으로 아주 성공적으로 우리에게 하나의 강력한 은유와도 같은 인간상을 제시하게 되죠. 예를 들어 우리는 차라투스트라의 여러 모습을 보고 그가 하는 말을 들어요. 마치 플라톤의 소크라테스와 유사하죠. 우리는 그가 어떻게 생겼는지, 어떤 옷을 입는지 따위에 대해서는 아무것도 알 수가 없어요. 그러나 책이 끝날 무렵 우리는 차라투스트라라는 인물을 굉장히 잘 알게 되죠. 우리는 문학 속에서 어떤 인물의 형태, 즉 그가 어떻게 생겼는지를 파악할 수 없어요. 그를 볼 수 없기 때문이죠. 그 대신 우리는 그가 하는 말, 그가 하는 행동, 그가 어떤 걸음걸이로 걷는지, 한 여인에게 어떻게 사랑을 고백하는지 등의 모습들을, 즉 하나의 단어 혹은 그림으로 형용할 수 없는 '그'라는 존재의 일면들을 조합해서 우리 머릿속에 그 사람의 총체적인 상을 구성하잖아요. 그것은 **저절로 그렇게** 만들어지죠. 저는 이것이 바로 내용이 문학을 통해 형태로 나아가는 방식이라고 생각해요. 아마도 칸이 이야기했던 'form'[7]이 바로 이러한 문학적 분석, 혹은 상상력이 아닐까 하는. '판타스틱 플래닛'에서 저는 그것을 시도했고, 이 텍스트가 이 건축물의 존재에 조금은 보탬이 되지 않았나 하는 생각을 하고 있어요. 보르헤스는 '바벨의 도서관'이라는 단편에서 "어떤 책이 존재하기 위해서는 그 책이 존재할 가능성이 있다는 것만으로도 충분하다"라고 썼는데요, 저는 이 프로젝트를 그러한 하나의 가능성으로 이해하고 있습니다.

저는 아마도 일기 쓰기를 통해 아주 조금은 건축과 텍스트의 불가분적인 관계를 탐구할 수 있었지 않나 싶어요. 무엇인가를 쓰기 위해 노력하면서 비로소 깨닫게 된 것들이죠. 그래서 다시 우리가 출발했던 문장으로 돌아오면… 저는 결국 기록이란 'witness', 내가 목격한 것들의 무게를, 'bear', 감내해내려는 시도가 아닐까 하는 생각을 하게 되었습니다.

저의 이야기는 여기까지입니다.

---

7 "Form encompasses a harmony of systems, a sense of Order and that which characterizes one existence from another. Form has no shape or dimension. …Form is 'what.' Design is 'how.' Form is impersonal. Design belongs to the designer." Louis I. Kahn, 「Louis Kahn: Essential Texts」 W. W. Norton & Company, 2003, p.64.

»‘시인/철학자/광대와 건축가의 판타스틱 플래닛에 대한 대화’ 중 가장 좋아하는 부분을 읽어준다면«

지금 여기서 짧게 읽어드릴 수 있는 부분이… 건축가가 이 건축물의 원환적인 속성에 대해 얘기하자 시인/철학자/광대가 그 대답으로 “니체는 시를 쓰면서 인식하고 또 인식하면서 시를 쓴다고 했지요”라고 말하는 대목이 있네요.

»텍스트로 프로젝트가 마무리됐다고 했는데, 반대로 텍스트로 시작했던 프로젝트가 있는지«

지금 생각해보니 재밌게도 바로 이 프로젝트가 그랬어요. 처음 시작했을 때 생각이 계속 정리가 안 돼서 그림을 그리지 않고 대신 뭔가를 막 썼습니다. 지금의 글처럼 어떤 형식이나 이야기를 가지고 있지는 않았지만 그것들은 단순한 메모라기보다는 텍스트에 가까운 어떤 것이었고 실제로 첫 시간에 그 글을 들고 가 크리틱을 받았던 기억이 나요. 그렇게 보면 이 프로젝트 자체가 원환적이라고 말할 수도 있겠네요.

»등장인물들이 대화를 나눌 때 그 내용을 전체적으로 먼저 계획해놓고 글을 쓰는지, 다시 말해 정해진 각본대로 본인이 그때그때 연기를 하는 것인지«

가만히 생각해보면 굉장히 재미있는 질문인데요, 저는 그렇다고 대답하겠습니다. 그러나 정확하게는 그렇기도 하고 그렇지 않기도 해요. 이건 모든 문학의 속성이라고 생각해요. 즉 실제로 내가 해야 하는 말들, 하고 싶은 말들이 있죠. 등장인물들은 언젠가는 그 말들을 하게 될 거예요. 그러나 막상 대화를 시작하고 나면 매 순간, 그것은 물론 연기이기도 한데, 글을 쓰는 사람은 말하는 사람이 실제로 됩니다. 그리고 바로 그 순간 자기가 하고 싶은 말들을 하죠. 그것들은 써놓고 보면 계획했던 것이기도 하고 또 아니기도 해요. 그런 방식으로 대화가 살아 있는 것이 될수록 그 내용은 설득력을 가지게 된다고 저는 생각해요. 플라톤은 이 사실을 아주 정확하게 알고 있었죠. 그는 스스로 수많은 대화편에서 다양한 등장인물들을 연기했잖아요. 보르헤스는 그의 유명한 한 강연에서 플라톤은 그가 존경하던 스승의 목소리를 다시 듣기 위하여 대화편을 썼을 것이라고 했죠. 그리고 그 대화편의 일부는 아무런 결론에도 도달하지 않는데, 그 이유는 플라톤이 첫 페이지를 쓰면서 마지막 페이지가 어떻게 될지 몰랐기 때문이라고 보르헤스는 말합니다. 플라톤은 자신의 마음이 그저 떠돌아다니도록 놔두고 있었다는 것이죠.[8] 저는 그의 이러한 해

8 호르헤 루이스 보르헤스, 「보르헤스, 문학을 말하다(*This Craft of Verse*)」 르네상스, 2003, p.17-18.

석에 반은 동의하고 반은 동의하지 않아요. 물론 플라톤은 항상 소크라테스가 어떤 대답을 할지 스승의 입장에서 고민했을 테지만 그는 분명 자신의 생각을 소크라테스의 입을 빌려 말한 것이기도 하잖아요. 그리고 그러기 위해서 그는 그가 스스로 어떤 말을 하고 싶은지 어느 정도는 이미 알고 있었을 거예요. 물론 플라톤이 보르헤스의 말처럼 그렇게 감상적이기만 한 인물이 아니었다는 견해는 저의 개인적인 것이지만 이러한 대화가, 그것은 분명 **대화**의 일종인데, 살아 있고 스스로 진행된다는 사실만큼은 명백한 것 같아요. 하야오는 스토리보드를 그리면서 항상 영화는 스스로의 의지와 생명을 가지고 있고 스스로 움직인다고 말했죠. 이 말은 다시 칸이 끊임없이 발견하고자 했던 '되고자 하는 의지'와 일맥상통하는 것이라고 생각해요. 그리고 저는 문학이 우리로 하여금 그것을 발견할 수 있도록 도와주는 통로가 된다고 생각하게 됐죠. 대답이 조금 길어졌는데, 한마디로 말하자면 저는 마지막에는 그것보다 더 큰 무엇인가가 있게 될 것이라는 희망을 가지고 계획을 합니다.

…모든 존재들 중 단지 <불>만이 자신의 아들이 환영이라는 것을 알고 있을 뿐이라는 사실을…

「원형의 폐허들」

Moby Dick, white ink

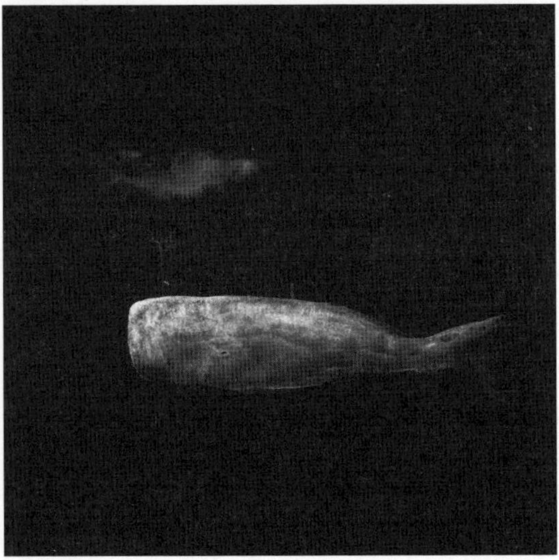

시인/철학자/광대와 건축가의 판타스틱 플래닛에 대한 대화

시인/철학자/광대. 저로서는 이 건축물을 한 단어로 정의하는 것이 도저히 불가능할 것 같습니다. 콜로세움과 어딘가 비슷한 느낌도 드는군요.

건축가. 콜로세움을 얘기하시다니 재밌습니다. 하지만 우린 이것을 **서커스**라고 불렀습니다. 평면을 비교해 보면 콜로세움이나 고대 원형 극장과 비슷하게 생겼지요. 원형 극장은 보통 타원형입니다. 하지만 **서커스**는 사이클로이드 곡선 두 개를 연결해서 복숭아씨 같은 모양이 되었지요. 제대로 작동하는 서커스를 지어야 했다면 아마 도시 전체를 지어야 했을 겁니다. 하지만 저는 아쉽게도 피라네지나 칼비노와 같은 상상력을 소유하고 있지는 못합니다.

시인/철학자/광대. **서커스**라고 하신 어떤 이유가 있습니까?

건축가. **서커스**는 '더운 사막 바람' 같은 하나의 이름일 뿐입니다.

시인/철학자/광대. 무대 위의 이야기에서 실제 삶보다 더 현실 같다는 묘한 느낌을 받을 때가 있지요.[9] 그러한 어떤 서커스의 속성이라고 할까요, 그런 것들에 대해서 많이 연구하셨으리라 짐작합니다.

건축가. 제가 봤을 때 모든 건축은 궁극적으로 **무대-짓기**입니다. 그것이 건축에 속하게 된 이상 교회가 되었든 학교가 되었든 그것은 무대입니다. 말하자면 우린 수만 가지의 연극이 벌어지는 각종 무대를 짓는 것이지요. 니체는 낭만적으로 의도한 것들과 전통적 의식 모두 미래상을 가져오지만 진정한 시대의 힘으로부터 나온 것은 전자이고 후자는 허약함으로부터 나왔다고 했지요. 그는 언제나 오직 예술만이 우리들의 삶을 정당화시킬 수 있다고 봤습니다. 고대 그리스의 철학자들, 소크라테스 이전의 철학자들은 진정한 의미에서 예술가들이었지요. 건축가들은 그 삶의 정당화를 위한 인류의 과제를 물려받았습니다.

---

9 "Und wenn sie den ergreifenden oder auch den komischen Begebenheiten lauschten, die auf der Bühne dargestellt wurden, dann war es ihnen, als ob jenes nur gespielte Leben auf geheimnisvolle Weise wirklicher wäre als ihr eigenes, alltägliches. Und sie liebten es, auf diese andere Wirklichkeit hinzuhorchen." Michael Ende, 「Momo」 Deutscher Taschenbuch Verlag GmbH & Co. KG, 1973, p.10.

시인/철학자/광대. 연극과 건축은 아주 밀접한 관계가 있는 것처럼 느껴집니다. 말하자면 저는 무대 위에서 연극을 합니다.

건축가. 바로 그렇습니다. 하지만 지금 우리들의 문제는 조금 더 복잡합니다. 무대가 없이 연극만이 존재하죠. 그리고 그것은 아주 기계적으로 반복됩니다. 서커스가 더 이상 서커스가 아닌 것이죠. 그렇다면 건축가인 제가 할 수 있는 것은 무대를 다시 짓는 일밖에는 없습니다.

시인/철학자/광대. 무대 없는 연극이란 어떤 것이라고 생각하십니까?

건축가. 한병철이 지적한 현대의 문제가 바로 투명성[10]이죠. 그들은 자기 자신과의 거리가 없습니다. 스스로 제대로 보거나 들을 수 없죠. 무대라는 것은 거리-둠입니다. 이것이 불가능한 경우, 다시 말해 양쪽이 완전히 붙어 한쪽이 되어버린 경우, 모든 행위가 허공 속으로 사라져버립니다. 그들이 있는 장소는 안도 바깥도 아니죠. 보이드가 없습니다. 결국 건축이, 바로 무대가 이 거리를 중재해주는 겁니다. 데

10 "나르시시즘적 주체는 자기 자신의 경계를 한정하지 못한다. 그에게 현존재의 경계는 흐릿하다. 그런 까닭에 안정적인 자아의 이미지도 생겨나지 못한다. 나르시시즘적 주체는 자기 자신과 너무나 밀착되고 융합되어버려서, 그에게 자기 자신을 데리고 노는 것은 불가능하다. 우울해진 나르시시스트는 자기 자신에 대한 무한한 친밀성 속에서 익사한다." 한병철, 「투명사회(*Transparenzgesellschaft*)」 문학과지성사, 2014, p.77.

리다를 제 식으로 인용하자면 무대는 관객이 자기 밖으로 나가는 순수한 외출이죠. 그것은 관객화 운동 속의 순수한 바깥으로서 열립니다.[11] 저는 이것이 바로 현대의 서커스가 짊어져야 하는 과제라고 생각합니다. 무대가 거리의 파토스Pathos der Distanz를 되살리는 것이죠.

시인/철학자/광대. 그것이 이 서커스가 되는군요. 하지만 제 인상을 말씀드리면 이곳에는 무대가 없는 것처럼 보입니다. 최소한 우리가 아는 형태의 무대는 없습니다.

건축가. 무대는 거리와 파토스 그 자체이자 삶의 한 형식입니다. 그런 의미에서 모든 것이 곧 무대가 되지요. 우리가 통속적으로 가지고 있는 무대라는 개념은 아주 특수한 공연 형식을 위해 마련된 것입니다. 우리가 흔히 액자틀형이라고 부르는 극장의 무대가 대표적인데 그 원리는 아주 재미있습니다. 액자틀형의 무대에서는 정확하게 무엇인가가 반대의 위치에 존재합니다. 마주 봄으로써 오른쪽과 왼쪽이 교

11 "공간은 시간 <속에> 있다. 공간은 시간이 자기 밖으로 나가는 순수한 외출이다. 공간은 시간이 자기와 맺는 관계로서의 탈자기이다. 공간의 외면성, 공간으로서의 외면성은 시간을 덮치는 것이 아니다. 그것은 시간화 운동 <속의> 순수한 <바깥>으로서 열린다. …시간화는 바로 현상학적 환원의 힘인 동시에 한계이다. 자기가 말하는 것을 들음은 어떤 자기폐쇄적인 안(內)의 내면성이 아니라 이 안에서 벌어지는 환원 불가능한 열림, 말 속의 눈이자 세계이다. 현상학적 환원은 어떤 무대이다." 자크 데리다, 「목소리와 현상(*La Voix et le Phénomène*)」 인간사랑, 2006, p.130-131.

*여기서 건축가는 공간-무대, 시간-관객으로 치환했다.

차하지요. 오른쪽과 왼쪽의 집요한 구분은 건축의 역사에서 전통적으로 전수되어 온 좌우 대칭을 암시합니다. 올림피코 극장을 보면 가시선들이 끊임없이 교차하고 있는 지점에서 은유적인 수직 단면, 프로시니엄이 드러납니다. 건축가는 온전히 자신의 자유 의지에 따라 이렇게 개념적으로 전혀 새로운 공간을 분할할 수 있게 된 겁니다. 이러한 신비로운 일종의 창 만들기는 팔라디오의 프론스에 등장했던 중앙 아치에서 이미 예견되었던 것이죠. 수사학에서 교차대구법은 역전된 패럴렐리즘을 함의하고 있습니다. 그것은 곧 텍스트 내의 질서에 균형을 부여하는 것이기도 하죠. "선한 것은 악하고, 악한 것은 선하다."[12]

시인/철학자/광대. 거울 속으로 걸어 들어가는 앨리스가 생각납니다. 앨리스는 그 순간 참으로도 기묘한 생각을 하죠. 그녀의 고양이 키티가 거울 속의 접시에 담긴 우유를 과연 마실 수 있을까 하는…[13] 저는 아마 마실 수 없을 것이라고 보는데요.

---

12 William Shakespeare, 「Macbeth」 1.1.11.

13 "거울 속의 집에서 살면 어떨 것 같아, 키티? 저기에서도 너에게 우유를 줄까? 어쩌면 거울 속의 우유는 먹을 수 없는 것인지도 몰라. 하지만, 어머, 키티! 복도가 보인다. …하지만 저 너머는 완전히 다를 수도 있어. 아, 키티야, 우리가 거울 속 집으로 들어갈 수만 있다면 얼마나 좋겠니!" 루이스 캐럴, 「마틴 가드너의 앨리스 깊이 읽기: 이상한 나라의 앨리스/거울 나라의 앨리스(*The Annotated Alice*)」 북폴리오, 2005, p.207.

건축가. 인생의 아이러니는 본질적으로 존재의 양면성과 결부되는 것입니다. 액자틀형 무대 또는 거울은 이 세계에 대한 일종의 패럴렐리즘이죠. 현상학이 순수 공간, 균일하고 지속적인 현재로 파악하는 것은 실제로는 자아 안에서 끊임없이 분열되고 있습니다. 이 차이를 표시하기 위해 무엇인가가 교차되어야만 합니다. 이 지점에서 데리다가 사용한 개념이 바로 그리스의 **스케네**skēnē, 즉 **장면 건물**입니다. 무대는 분할하는 연속성이지요. 메를로-퐁티는 정신과 신체, 나와 타자, 대자와 즉자의 부정적인 대립을 넘어서는 존재론을 기획했는데 그 주요 개념으로 키아즘, 즉 교차를 내세웠습니다. 후설의 자기이입에서부터 이어지는 이 관점을 전개하면서 그는 말하기-듣기, 보기-보이기… 즉, 능동과 수동이 모종의 **반성**réflexion과 같은 재귀적인 존재방식 속에서 원환적인 관계를 유지한다고 했습니다. "만져진 것과 만지는 자가 그리는 동그라미가 있어서, 만져진 것은 만지는 자를 붙잡게"[14] 되지요. 맥도날드는 거울 속에 비친 자신의 방을 보는 것은 자신이 좋아하는 이야기 속에서 자신의 방에 대해 읽고

14 "우리가 다른 보는 자들을 보는 순간 우리 앞에 있는 것은 이제 단지 …사물들이 우리가 자기들을 보고 있는 곳으로부터 자기네들 가운데 한 자리를 가리키며 상기시키는 우리 자신들의 이 약한 반사광, 이 환영이 아니다. 이제부터 다른 눈들을 통해, 우리는 완전히 우리 자신에게 보이는 것이 된다." 모리스 메를로-퐁티, 「보이는 것과 보이지 않는 것(*Le Visible et l'Invisible*)」 동문선, 2004, p.205.

있는 것과 비슷하다고 했습니다. 이것이 **관객화죠**. 무대에서의 모든 키아즘은 필연적입니다.

시인/철학자/광대. 니체는 시를 쓰면서 인식하고 또 인식하면서 시를 쓴다고 했지요. 하지만 서커스의 무대는 조금 다른 것처럼 느껴집니다. 일단 형태가 원형이죠. 어떤 변화가 생긴 것처럼 보입니다.

건축가. 서커스 무대의 경우는 훨씬 더 복잡하고 흥미롭습니다. 모던 서커스의 아버지로 불리는 필립 애스틀리는 1768년에 영국에서 첫 서커스를 열었습니다. 초기 서커스는 다양한 승마술을 보여주는 것이 전부였지요. 그만큼 승마술에 전적으로 의존했고 말이 달릴 수 있는 것이 중요했습니다. 애스틀리가 처음 도입했던 직경 13미터 크기의 원형 무대는 관객들이 기수들을 관람하기에 용이했다는 점과 구심력을 발생시켜 기수들이 말 위에 서 있을 때 균형을 쉽게 잡을 수 있도록 도와주었다는 점에서 매우 성공적이었습니다.

시인/철학자/광대. 펠리니의 영화[15]에서도 말의 탈을 쓴 사람들이 끄는 장의차가 원형 무대를 빙빙 돌지요. 마지막엔 결국 불타버리지만요.

건축가. **원과 불**은 서커스의 가장 오래된 두 가지 주제입니다. 극장의 액자틀형 무대가 평면거울이라면 서

15 Federico Fellini, 「I Clowns」 1970.

커스의 원형 무대는 볼록거울이죠. 원형 무대에서의 교차는 다양한 기형을 낳습니다. 단순히 왼쪽과 오른쪽이 마주 보는 것이 아니라 큰 것과 작아진 것 혹은 작은 것과 커진 것이 마주 봅니다. 그것이 바로 우스꽝스럽게도 큰 코를 가진 광대, 즉 서커스의 환상성이죠. 하지만 어린 펠리니는 그 속에서 마을의 이웃들을 봤습니다. 기괴하지만 환상적이기도 한 현실의 단편이지요. 그로테스크는 연극성의 장막을 걷어줍니다.

시인/철학자/광대. 원이라는 도형의 어떤 신비가 그것을 가능하게 만드는 것처럼 느껴집니다.

건축가. 볼록거울의 내부에는 끊임없이 팽창하는 허공이 있습니다. 말하자면 볼록거울은 무한대인 바깥이죠. 오목거울은 정반대입니다. 오목거울은 무한소인 내부이고 모든 경험이 친밀한 체험 속으로 소급되어지는 투명사회의 동력이죠.[16] 서커스의 기하학은 말 탄 기수의 기하학, 즉 회전하는 원의 기하학입니다. 불레의 뉴턴을 위한 구처럼 웅장하게 박제된 것이 아니죠. 회전 운동을 하는 말 위에서 기수는 원심력을 느낍니다. 이 힘은 원 밖으로 기수를 밀어내

16 "헤겔에 따르면 사유에는 일정한 부정성이 내재하는데, 이러한 부정성으로 인해 사유는 자신을 변모시키는 경험을 하게 된다. 스스로 달라진다는 부정적 특성은 사유를 구성하는 본질적 측면이다. …경험 역시 근원적 변화를 일으키는 영향력을 발휘할 수 있다. 그런 점에서 경험Erfahrung은 이미 존재하는 것을 건드리지 않는 체험Erlebnis과 다르다." 한병철, 「투명사회(*Transparenzgesellschaft*)」 문학과지성사, 2014, p.65.

려 하는 가상의 힘이죠. 이 또한 존재하는 것이 아닙니다. 재미있지 않습니까? 서커스의 원은 오로지 이 운동의 발생입니다. 서커스는 **말 탄 기수의 돎**이죠. 우리처럼 기하학을 빌려오는 사람들에게 서커스의 문제는 본질적으로 큐비즘적인 것입니다. 운동 속에서 가시선들이 교차하죠. 서커스의 기하학은 궁극적으로 원 밖으로의 끊임없는 탈출이며 **비워지고-있음** 또는 **부재함**입니다. 즉 공백, 사라짐이죠. 볼록거울의 발산과 원심력 모두 바로 이 보이드에 대한 알레고리입니다.

시인/철학자/광대. 결국 무엇인가가 비워져야 하는 것이로군요?

건축가. 그것이 바로 거리를 만듭니다. 그 결과는 물리적인 거리를 훨씬 뛰어넘는 거리죠. 일차원적인 것, 일물질적인 것 혹은 침묵과 같은 것들이 축적되면서 비로소 거리가 생깁니다. 서커스 천막이 철거되고 남은 공터가, 그것은 속이 빈 거대한 원이죠, 서커스에 진정한 가치를 부여합니다. 우리는 언제나 서커스가 떠날 것임을 알죠. 서커스는 왔다가 다시 갑니다. 서커스의 천막은 언제나 쉽게 풀어지는 구조로 되어 있죠. 이 모든 사실이 서커스라는 하나의 거대한 알레고리를 형성합니다. 순간성은 영원성과 대립하는 듯 보이지만 사실은 같은 개념입니다. 우리들의 가장 큰 고민이 바로 이 지점에 있었습니다. 서커스를 지을 수 없는 것은 폐허를 지을 수 없는 것과 같은 이치가 아닌가? 서커스는 천막일 수밖에 없는 것이죠. 언제나 다시 원점으로 되돌아왔습니다.

시인/철학자/광대. 서커스가 떠났기 때문에 속이 빈 원이 되는 것이군요. 말하자면 서커스는 어떠한 필연적인 전제조건이 되는 것처럼 보입니다.

건축가. 바로 그렇습니다. 원의 내부는 언제나 거의 아무것도 아닌 것이면서 동시에 거의 모든 것이죠. 이 상징은 다양한 곳에서 발견됩니다. 제가 가장 좋아하는 그림은 셰델이 라틴어로 쓴 '뉘른베르크 연대기'에 있습니다. 아마도 활판 인쇄술이 발명된 이후 첫 반세기에 걸쳐 가장 뛰어난 작품 중 하나일 이 책을 위해 볼게무트와 플레이덴부어프는 1,800개가 넘는 목판화를 제작했지요. 그중 천지창조 3일째의 삽화가 아주 재미있습니다. 원화에서는 아마도 우주를 상징할 거대한 원의 반 정도가 푸른 바다로 차 있었는데 보급판에 실린 흑백 삽화에서는 인쇄술의 한계로 물의 깊이를 암시하는 미세한 음영이 전부 사라져버렸죠. 마치 신이 3일 동안 아무것도 하지 않은 것처럼 돼버린 겁니다.

시인/철학자/광대. "천하의 물이 한 곳으로 모이고 뭍이 드러나라."[17] 오히려 사라짐으로써 하나의 강력한 상징이 된 경우처럼 느껴집니다.

---

17 "하나님이 이르시되 천하의 물이 한 곳으로 모이고 뭍이 드러나라 하시니 그대로 되니라." 창세기 1:9 [개역개정].

건축가. 생텍쥐페리는 물은 생명이라고 했죠. 사막과 바다를 두루 여행했던 디올레에게 대양은 하나의 공간이었습니다. 수면 밑 40미터 지점에서 그는 진정으로 "**물의 부피 속으로**" 들어갔지요. 그러한 "**공간-물질**", 즉 일물질의 공간은 무한의 표시를 지니게 됩니다.[18] 이러한 경험은 도시에서는 불가능합니다. 그것은 아주 잠시 머물렀다가 순식간에 사라져버리죠. 서커스처럼 말입니다.

시인/철학자/광대. 하지만 서커스는 물보다는 불에서 온 것 같습니다.

건축가. 불레는 반대로 거대한 구의 중심에 불을 만들었습니다. 그 불은 플라톤의 동굴에 등장하는 바로 그 불이죠. 니체의 정오와 바그너의 밤 사이에서, 말하자면 태양의 빛과 동굴 속 어둠 사이에서 이 불은 하나의 새로운 삶의 형식을 가능하게 합니다. 불은 **이야기**를 만들어내죠. 그리고 이 서사는 미메시스가 아닌 존재의 한 방식입니다. 이곳이 바로 서커스의 시작점입니다. 서커스가 어떤 장소가 되어야 하는지는 이미 계시되어 있습니다. 서커스는 니체가 비판했던 염세주의도 아니고 데카당스의 예술도 아닙니다. 오히려 그 반

18 "사실, '내부의 공간'은 디올레에게 있어서 바로 한 내밀의 물질의 수락(受諾)으로 이루어지는 것이다. 그는 깊은 물속으로의 침잠의 경험을 오랫동안 살았던, 감미롭게 살았던 적이 있다. 그래 '대양'은 그에게 있어서 하나의 '공간'이 되었다." 가스통 바슐라르, 「공간의 시학(*La poétique de l'espace*)」 동문선, 2003, p.346.

대죠. 그러나 서커스 속에는 본질적으로 밤의 마술과 불의 환영이 깃들어 있습니다. 그 안에서 우리들은 어떤 의미, 이미지들을 발견하죠. 삶은 하나의 이야기가 될 수도 있습니다.

시인/철학자/광대. 서커스가 지어지는 동안에 오랫동안 연기가 피어올랐습니다. 아주 아름다운 광경이었지요. 작은 아이들은 불이 났다면서 좋아했습니다.

건축가. 우리는 직경이 대략 8인치 정도 되는 통나무들을 촘촘히 세워 천막들의 뼈대를 만들었습니다. 우리는 그것들을 '로지에의 오두막'이라고 불렀죠. 10개의 틀이 완성된 후 우리는 그 주변에 콘크리트를 부어 바위처럼 굳혔습니다. 그리고는 마지막으로 통나무에 불을 지폈지요. 콘크리트 덩어리 속에서 통나무는 3주간 아주 천천히 탔습니다.[19] 꼭대기에서 피어오른 연기는 마치 머리부터 빠져나와 하늘로 올라갈수록 거대해지는 뱀 같았죠. 남겨진 결과물 안으로 들어갔을 때 우리들 중 한 명이 "이건 뒤집어진 천막이네요"라는 꽤나 멋진 말을 했습니다. 저는 '천막'이라는 단어를 참 좋

19 "Then, the client set a slow fire that burned for three weeks inside the wooden tent, which was now the inner formwork of the concrete surround. …When the fire finally went out, the scorched tree trunks were removed, leaving behind their imprint and the lingering smell of smoke." Peter Zumthor, 「Peter Zumthor: Buildings and Projects, 1985-2013」 Verlag Scheidegger & Spiess AG, 2014, Volume 3 p.122.

*이 프로젝트의 원제는 'Fantastic Planet, or the retold story of Bruder Klaus Field Chaple'이다.

아합니다. 서커스는 언제나 천막 속에 들어 있지요. 통나무가 다 탄 후 그 내부에서 우린 상상했던 것 이상으로 강한 인상을 받았습니다. 기분 좋은 냄새가 났죠. 누군가 실패는 아니라고 속삭였던 기억이 납니다. 어쨌든 우리는 무엇인가를 비워냈다고 말입니다.

시인/철학자/광대. 저도 처음 들어갔을 때 말로는 도저히 표현할 수 없는 느낌을 받았습니다. 제 맥박의 속도가 갑자기 바뀐 것 같았죠. 바로 바깥에 사람들이 있었음에도 불구하고 굉장히 조용했습니다. 혹은 단순히 제가 그렇게 느꼈던 것일지도 모르겠습니다. 그런 '뒤집어진 천막'이 10개가 있습니다. 그 위에는 거대한 벽이 있죠. 창문도 어떠한 장식도 없습니다.

건축가. 향유고래의 이마는 어떠한 지시도 하지 않습니다. 우리는 그곳에서 어느 한 점을 정확히 볼 수 없죠. 이목구비가 없습니다. 멜빌은 "향유고래의 이마에 위대한 신과 같은 위엄이 너무나도 확대되어 있어서 그것을 정면에서 바라보면 자연계의 그 어떤 생물을 마주 보는 것보다도 가장 강력하게 '신성'과 그 무서운 힘을 느끼게 된다"[20]라고 했

---

20 "향유고래에게는 진정한 의미의 얼굴이 없다. 주름투성이 이마가 넓은 하늘처럼 펼쳐져 있을 뿐이다. 그것은 보트와 배와 인간의 운명을 품고 묵묵히 아래로 내려가 있다." 허먼 멜빌, 「모비 딕(*Moby Dick; or, The Whale*)」 작가정신, 2010, p.487.

지요. 향유고래의 피라미드 같은 침묵은 그 천재성을 분명하게 보여줍니다. 우리는 바로 그것을 원했습니다. 송전탑 높이에 달하는 4개의 강철 기둥이 양쪽에 2,310개의 석판을 메고 있습니다. 외부에서 보면 돌들은 거의 백색으로 빛나죠. 내부가 비치지 않습니다. 우리 머릿속에는 항상 고래의 이마가 떠 있었습니다. 백색은 본질적으로 색의 공백이라기보다는 모든 색깔이 응집된 상태가 아닐까 생각합니다. "넓은 설경이 아무것도 없는 공백임에도 의미로 가득 차 있는 것은 아마도 그 때문"[21]이겠지요. 야스나리는 눈 속에서 많은 것을 볼 수 있었습니다.[22] 백색의 막연한 불확정성은 우리를 무서운 절멸감으로 빠트립니다. 그것은 마치 일물질과 같은 것이죠. 무한대입니다. 빛의 원리도 본질적으로는 영원히 백색이지만 우리는 아직까지도 이 백색의 마법을 풀지 못하고 있죠. 멜빌은 이 모든 것의 상징이 바로 백색의 고래라고 했습니다… 광적이면서도 매우 아름답고, 납득이 가는 추적입니다. 우리는 그를 따라갔지요.

시인/철학자/광대. 진정한 의미의 얼굴이 없다는

---

21 허먼 멜빌, 「모비 딕(*Moby Dick; or, The Whale*)」 작가정신, 2010, p.291.

22 "거울 속 새하얗게 반짝이는 것은 눈(雪)이다. 그 눈 속에 여자의 새빨간 뺨이 떠올라 있다. …어느새 해가 뜨는지 거울 속의 눈은 차갑게 타오르는 듯한 광채를 더해 갔다. 그럴수록 눈 속에 떠오른 여자의 머리카락도 선명한 자줏빛이 감도는 검은색으로 한층 짙어졌다." 가와바타 야스나리, 「설국(雪国)」 민음사, 2002, p.44.

것은 지금 우리들에 대한 은유처럼 느껴집니다.

건축가. 어떤 시사하는 바가 있을지도 모르겠습니다. 하지만 현대인과 향유고래의 두 가지 **얼굴-없음**은 완전히 다른 의미를 가지죠. 인간의 얼굴은 침묵과 말 사이의 마지막 경계선이라고 피카르트는 말했습니다. 그는 "이마의 궁륭에서 침묵은 외부로 나오려고 애쓰는 것이 아니라 마치 이슬처럼 내부로 방울져 내린다"[23]라고 했습니다. 침묵을 지키는 얼굴에는 비밀이 깃들어 있습니다. 그것은 곧 **공간**이지요. 얼굴에 침묵이 결여되어 있다면 얼굴은 풍경을 잃고 도시화될 겁니다. 그는 "오늘날 인간의 얼굴에는 어떠한 바다도 어떠한 산도 없다. 얼굴이 더 이상 그것들을 받아들이지 않고, …그리고 그러한 텅 빈 얼굴 속에 거대한 도시가 세워졌다"[24]라고 했습니다. 반대로 향유고래의 얼굴 속에는 말을 하는 눈, 코, 입이 아닌 대양이 있습니다.

시인/철학자/광대. 외부에서의 돌들은 백색으로 빛나지만 내부의 모습은 사뭇 다릅니다. 빛은 석판을 통과해

---

23 막스 피카르트, 「침묵의 세계(*Die Welt des Schweigens*)」 까치(까치글방), 2010, p.112.

24 "얼굴에는 더 이상 그런 것들을 위한 자리가 없다. 그리하여 모든 것이 뾰족한 극단에 놓이게 되고, 외부 세계는 그 뾰족한 극단에서 떠밀리고 흔들려서 떨어질 것처럼 보인다. 얼굴에서 나무들이 베어지고, 산은 파여 없어지고, 바다는 말라붙었다." 막스 피카르트, 「인간의 얼굴(*Das Menschengesicht*)」 위의 책에서 재인용, p.123.

부드럽게 움직이는 불길과 같은 장면을 연출하죠. 양편에 거대한 불의 장막이 걸려 있는 듯한 신비로운 분위기였습니다. 그것은 간혹 하늘거리는 듯한 인상을 주더군요. 그러고 보니 저는 요나[25]였다고 말할 수도 있을 것 같습니다. 물론 절 에워싼 것은 물이 아닌 불이었지만요.

건축가. 석판들은 전부 빛을 투과시킵니다. 얇게 연마된 석판들은 제각각 고유한 결정 무늬들을 품고 있죠. 빛을 비추면 은은하게 노란빛과 붉은빛을 냅니다. 자연이 드러나는 것이죠. 우리는 어쨌든 내부에 불이 있기를 원했습니다. 통나무들은 3주간 불로 인해 재가 됐고 어떤 흔적을 남겼습니다. 인간에게 물이 생명력이듯이 서커스에 생기를 불어넣는 것은 불입니다. 플라톤의 동굴은 불이 없었다면 서사를 잃었을 겁니다. 이 불은 양 높이가 52미터에 달합니다. 결과적으로는 아주 얇고 긴 모양의 건물이 됐지요. 제가 그렸던 스케치 중 하나를 가운데 놓고 전부 둘러서서 생각에 잠겨 있었는데 누군가 갑자기 "스케네!"라고 외쳤습니다. 당시 벽에는 오래돼서 색이 다 바랜 에피다우로스 극장의 평면도가 걸려 있었지요. 우리는 순간 전부 그 그림으로 고개를 돌렸습니다. 정말로 스케네였죠. 그제야 우리는 그것이 바로 데리다가 그

25 "물이 나를 영혼까지 둘렀사오며 깊음이 나를 에워싸고 바다 풀이 내 머리를 감쌌나이다." 요나 2:5 [개역개정].

리스인들에게서 빌려왔던 그 장면 건물이란 사실을 깨달았습니다. 오랜 길을 거쳐 우리는 다시 고대 그리스로 도착한 것이죠.

시인/철학자/광대. 그렇다면 이 얇고 긴 건물은 장면이 되는 것입니까?

건축가. '스케네'는 번역하면 말 그대로 '장면 건물'이라는 단어가 됩니다. 스케네의 파사드에는 '티로마타'라고 불리는 큰 방들의 출구가 일련의 개구부들처럼 열려 있었습니다. 이 위로 그리스인들은 '피나케스'라고 불리는 채색된 패널을 걸었는데, 이게 바로 장면들이었죠. 그 그림들은 공연의 배경이 되었습니다. 우리가 만든 거대한 벽, 혹은 고래의 이마에는 장면이 있기도 하고 없기도 합니다. 원의 내부와 흡사하죠. 확실한 것은 시선이 분산됩니다. 모든 것이 그것으로부터 나오는 아르케-스케네arche-skēnē죠. 그리고 지상에는 작은 틈들이 있습니다. 이 푼크툼[26]은 말하자면 아주 살짝 들어 올려진, 혹은 찢어진 천막과 같은 것입니다. 어린 펠리니처럼

26 "바르트는 사진의 두 가지 요소를 구분한다. 첫 번째 요소를 그는 '스투디움studium'이라고 부른다. …스투디움은 '사랑하다'가 아니라 '좋아하다'의 범주에 들어간다. 스투디움에서 격렬함이나 열정 같은 것은 전혀 없다. 두 번째 요소인 '푼크툼punctum'은 '스투디움'을 깨뜨린다. 그것은 호감이 아니라 어떤 상처, 격한 감동, 당혹감을 낳는다. …그것은 균열, 단층으로서 모습을 드러낸다. 푼크툼은 극도의 강렬함과 응축의 장소이며, 그 속에는 뭔가 정의할 수 없는 것이 내재한다." 한병철, 「투명사회(*Transparenzgesellschaft*)」 문학과지성사, 2014, p.57-58.

우리는 그 사이로 무엇인가를 훔쳐봅니다. 비밀을 알게 되죠. 그리고 그 너머에는 아이러니컬하게도 다시 관객들이 있습니다. 그들은 장면 뒤의 장면, 배경의 배경이 됩니다.

시인/철학자/광대. 그 틈을 통해 맞은편에서 사람들이 개미처럼 자유롭게 지나가는 모습이 다시 보입니다. 말하자면 저는 어떤 마술을 관통해 다시 삶을 보여주는 망원경 같다는 생각을 했습니다.

건축가. 관객들이 결과적으로 다시 배경이 된다는 사실은 대단히 중요합니다. 서커스는 바로 그것을 위한 전제조건이죠. 관객들은 서커스를 통과해나가야만 합니다. 최소한 그것이 우리들의 목표였습니다. 18세기 프랑스 극장은 개념적으로 그리스 고전기 이전의 세계관을 바탕으로 합니다. 기원전 4, 5세기까지 지구는 평평하다고 믿어졌죠. 지구의 끝에는 바다나 공기 혹은 창공막이 있었습니다. 지구의 끝에 다다른 인간은 천국을 보기 위해 그 막의 바깥으로 고개를 내밀죠. 이 행위는 본질적으로 팔라디오가 만들어낸 프론스에서 일어나는 행위입니다. 시선은 언제나 일방향적이죠. 이 사실은 르두의 눈이 대표적으로 보여주고 있습니다.[27] 무대를

27 "자연이 위임하는 형태를 취함으로써 어느 누구도 원칙으로부터 벗어나지 않는다. 최초의 장면은 의심의 여지없이 우리가 보았던 바로 그것이다. …이 생생한 광선 없이 모든 것은 고통스러운 모호함 속에서 힘을 잃을 것이다." 클로드-니콜라 르두, 「예술, 도덕, 체제 속의 건축(*L'Architecture considérée sous le rapport de l'art, des moeurs et de la législation*)」 1804.

뚫고 들어간 시선은 계속 그 방향으로, 말하자면 무대의 내부로 나아가는 수밖에는 없죠. 서커스의 무대에서도 이것은 마찬가지입니다. 서커스의 원은 작은 행성[28]처럼 관객들의 가운데서 계속 돌고 있습니다. 관객들은 주위에 둥그렇게 몰려 앉아 그 무대를 내려다보죠. 시선은 원의 중심으로 빨려 들어갑니다. 그것은 곧 그 행성의 **중력**이지요. 행성은 사라집니다. 그것은 단순한 환영으로 그칩니다.

시인/철학자/광대. 프로시니엄과 서커스의 중심 모두 무엇인가가 반대편으로 사라지는 출구가 되는군요.

건축가. 스콜라리는 '아르고호 선원들의 귀환'이라는 그림을 그렸습니다. 고대의 항해는 언제나 노스토스에 대한 것이었죠. 그러나 현대의 항해에는 **귀환**이 없습니다. 그것은 보들레르의 형이상학적 심연으로 빠져들고 카프카의 '칼다 기차의 추억'에서의 무의식에서 끝납니다. 반대로 스콜라리는 그의 그림 속에서 언제나 귀환을 표현하고자 했습니다. 그는 집요하게 사물들로 되돌아옵니다. 그의 그림의 특징은 시점이 없다는 것이죠. 모든 사물은 평행하게 등거리에서 존재합니다. 사물이 그 실제의 크기로, 아주 가까이에서, 대낮의 밝은 태양 아래 원래의 색과 형태로, 시점의 왜곡 없이 드러나는 이러한 플로티누스적 표현은 역설적으로 우리가 그

28 René Laloux, 「La Planète sauvage」 1973.

사물을 형성하고 있다고 믿는 어떤 본질적인 불명료함에 대항하는 시도입니다. 사물은 이제 우리의 눈 바로 앞에 서 있죠. 우리는 우리와 동등한 상태의 사물을 보게 됩니다. 스콜라리의 귀환은 바로 이 사물들로의 귀환이죠. 사물들은 이제 해방되었습니다. 시점의 부재는 단절이 없는 공간을 의미합니다. 사물들은 스스로의 한계에 의해서만 국한되죠. 중요한 사실은 이러한 표현력이 이제 세계 실재의 질서를 관장한다는 것입니다. 바로 이 사실이 스콜라리의 그림에서 건축과 풍경을 환상적인 기계들로 변화시키죠. 시점 속에서 절대적이었던 사물들의 위계가 무너집니다. 더 이상 사물은 축소되거나 사라지지 않죠. 여기에도 있고 저기에도 있습니다. 그러나 그것은 계속 단일합니다. 다만 존재의 폭이 넓어지죠.

시인/철학자/광대. 시점의 문제는 다시 거리의 문제와 결부되는 것처럼 보입니다.

건축가. 그러나 우리들의 특권은 화가의 것과는 다른 종류입니다. "건축가는 사람보다 큰 출입구를 사용해야 하기 때문이지요."[29] 우리는 크기를 조절합니다. 흰 파사드에

29 "Is he less in art than the other? No. He just recognizes his realm of expression. The painter can paint people upside down, as Chagall does, as you know, but he has this prerogative because he's a painter. He's representing nothing; he's presenting everything." Louis I. Kahn, 「Louis I. Kahn - Silence and Light: The Lecture at ETH Zurich, February 12, 1969」 Park Books, 2013, p.28.

서 시선은 분산되고 사라지죠. 마치 거대한 캔버스를 눈 바로 앞에 두고 있는 것과 같습니다. 그 위에는 아무것도 나타나지 않지만 우리는 반사되는 상을 볼 수 있습니다. 우리는 그렇게 떠오르는 세계를 통과해나가야만 합니다.

시인/철학자/광대. 그 뒤에는 다시 관객이 있다고 하셨습니다. 결국 귀환이로군요?

건축가. 귀환입니다. 자기 자신으로 돌아오게 되는 것이죠. 이러한 위상학적 항해는 액자틀형의 무대나 원형 무대에서는 일어나지 않습니다. 관객들은 그저 바라봅니다. 하지만 **서커스**에서 그들은 더 이상 시점에 의존할 수 없습니다. 질서라고 믿어졌던 무엇인가가 무너졌죠. 그들은 이제 스스로 움직이고 통과해나가야만 합니다. 환영이 아닙니다. 정말로 어떤 변화가 일어났습니다. 관객들은 빈 것 그리고 침묵과 불을 지나갑니다.

시인/철학자/광대. 그 과정이 **무대**가 되는 것 같습니다.

건축가. 다시 한 번 데리다를 제 식으로 인용하겠습니다. 무대는 관객이 자기 밖으로 나가는 순수한 외출이죠. 그것은 관객화 운동 속의 순수한 바깥으로서 열립니다. 여기에서는 무대가 보이지 않는다고 하셨지요. 이건 단순히 그런 종류의 무대가 아니기 때문에 그렇습니다. 스콜라리적인 여정, 말하자면 고대의 항해는 주체적으로 일어나는 것입니다. 문제를 가지고 누군가 떠납니다. 그리고 오랜 시간이 흐른 후 그는 집으로 돌아옵니다.[30] 이곳이 콜로세움이라면 관객들은 더 이상 수동적인 관람자가 아닌 검투사가 되어 경기장으로 모입니다. 그렇게 되기 위해 이 장소는 어떤 집결지와 같은 역할을 수행해야 하죠. 인간은 스스로 그가 들어갈 장소를 결정합니다. 하지만 그는 다시 나올 수 있죠. 결국 **서커스**는 일종의 광장이 되는 수밖에 없었습니다. 18세기 세계극장에서 공적 공간은 일종의 무대 같은 것이었죠. 아마도 **서커스**는 정말로 현대의 콜로세움일지 모릅니다.

시인/철학자/광대.　**서커스**의 중앙에는 거대한 벽, 혹은 말씀하신 대로 스케네가 있죠. 그 때문에 어떤 양면성, 혹은 아이러니컬하게도 강력한 통일성이 느껴집니다.

건축가.　우리가 시작부터 확신했던 한 가지 사실은 서커스라는 사물이, 서커스라는 알레고리가 해체되어야 한다는 것이었습니다. 하지만 그것을 어떠한 방식으로 그려내는가 하는 문제는 쉽지 않은 과제였죠. 볼록거울에 대한 아주 재미난 일화가 하나 있습니다. 19세 청년 파르미지아니노

30 "아르고스와 이 나라의 여러 신들께 인사부터 드려야겠소. 신들의 도움으로 나는 귀국할 수 있었고, 프리아모스의 도시로부터 내가 요구한 정당한 보상도 받을 수 있었으니까. …자, 이제는 집 안의 화롯가로 가서 나를 멀리 내보냈다가 다시 돌아오게 하신 신들께 먼저 인사드려야겠소. 나를 따라온 승리가 오래오래 머물러 있기를!" 아이스퀼로스, 「아이스퀼로스 비극 전집」 중 「아가멤논(*Ἀγαμέμνων*)」 숲, 2008, 810-853.

는 이발소에 갔다가 난생처음 볼록거울을 보게 됩니다. 그 거울은 가까이 있는 모습은 실제보다 크게, 뒷모습은 더 작게 비췄지요. 파르미지아니노는 그 이상한 거울에 비친 자신의 기이한 모습을 그리고 싶었습니다. 그러나 평면 위에 그 모습을 그리면 거울 속의 왜곡된 모습을 또다시 왜곡해야 하므로 그는 볼록거울과 같은 구조의 캔버스를 만들 방법을 궁리했죠. 그는 결국 자기가 갖고 있던 나무 공을 반으로 갈라서 그 위에 자신의 얼굴을 그렸습니다. 결과는 놀라웠죠. 그 특이한 그림은 금방 입소문을 타고 교황의 귀에까지 들어갔습니다. 교황은 그 기묘한 그림을 보며 천상의 초월적 풍경을 떠올렸습니다. 그는 당연히 그 청년만이 천국의 모습을 그릴 자격이 있다고 생각했고, 곧 산타 마리아 델라 스테카타 교회의 프레스코화를 의뢰했습니다.

시인/철학자/광대. 처음에 사이클로이드 곡선에 대해 언급하셨습니다. 두 개의 곡선이 만나고 있다고 하셨죠.

건축가. 기하학을 설명할 수 있는 방법은 없습니다. 건축은 단순히 그러한 방식으로 지어질 뿐이죠. 우리도 어떤 기하학이 필요했을 뿐입니다. 우리는 말 탄 기수가 원형 무대를 도는 아주 단순한 운동에서 시작했습니다. 그 운동만을 가지고는 아무것도 할 수 없었죠. 무엇인가가 드러나야만 했습니다. 사이클로이드는 바로 그 운동을 펼쳐서 수학적 시퀀스를 통해 우리에게 보여줍니다. 원 안에 견고하게 숨겨져 있던 개념들이 비로소 우리가 사용할 수 있는 어떤 모양과 의미를 갖추게 됐습니다. 원이 원주의 길이만큼 직선 위를 이동함으로써 하나의 주기가 생성됩니다. 원 위의 점은 제자리이면서 동시에 계속 움직이죠. 이 과정에서 원의 바깥은 내부와 계속적으로 새로워지는 어떤 관계를 맺게 됩니다. 우리는 이것이 곧 관객화 운동이라고 생각했습니다. 그는 언제나 자기 자신이어야만 할 겁니다. 그러나 그는 또한 자기 자신을 끊임없이 탈피하며 계속 새로워질 것입니다. 결국 사이클로이드는 관객의 자취, 혹은 그가 앞으로 가야 하는 길 둘 다입니다.[31] 반대로 원이 그 위를 이동하는 직선은 곧 원주, 즉 모든 교차가 일어나는 볼록거울이죠. 이것을 도식화하면 우리는 스케네와 관객의 위상학적 관계를 나타낼 수 있습니다. 하지만 이 상태로는 관객은 아무 곳으로도 통과해나갈 수 없습니다. 스케네 너머로는 정의가 없기 때문이죠. 이대로 노스토스는 불가능합니다. 그래서 우리는 스케네가 뒤가 없는 양면이어야 한다고 결정했습니다. 자연스럽게 두 곡선은 만날 수밖

31 "The cycloid is, in effect, a simple but multivalent geometric machine. It produces both a range of constant dimensions and variable proportions which when combined become monumental. …The cycloid emerges in movement, describing both the fast movement of the point in relation to the baseline as well as slow and reverse motion." Louis I. Kahn, 「Louis Kahn: Conversations with Students」 Princeton Architectural Press, 1998, p.90.

에 없었습니다. 그것은 관통하는 방향성을 아주 강력하게 만들어 주었죠.

시인/철학자/광대. 파르미지아니노가 쪼갠 나무 공을 다시 붙이신 셈이군요?

건축가. 아리스토파네스의 원초 인간에 대한 연설은 유명하지요. 인간은 원래 등과 옆구리가 둥근 구의 형태였습니다. 4개의 팔과 다리를 가지고 있었고 원통형의 목 위에는 하나의 머리와 반대 방향을 바라보는 두 개의 똑같은 얼굴이 있었습니다. 그들은 지금과 같이 직립보행을 할 수 있었지만 빠른 속도로 뛰기 시작하면 발을 공중으로 차올려 8개의 사지로 번갈아 땅을 짚으면서 굴러갔다고 하죠. 그들은 강했고 결국 신을 공격했습니다. 제우스는 인간을 반으로 잘랐고 인간은 지금의 모습을 하게 되었죠.

시인/철학자/광대. 10개의 천막이 5개씩 서로 다른 방향을 보고 있는 이유를 이제야 이해할 것 같습니다.

건축가. 저에게는 특히나 인간이 굴러다녔다는 사실이 매우 인상적입니다. 메를로-퐁티의 존재론처럼 이 평면 역시 원환적이죠. 어쩌면 인간의 운명 역시나요.

시인/철학자/광대. **서커스**에서는 정말로 수많은 상징들이 얽혀 거대한 알레고리를 만들고 있는 것 같습니다.

건축가. '알레고리'는 '다른'과 '말하기'라는 뜻을 가진 두 단어가 합쳐진 그리스어 '알레고리아'에 그 어원을 두고 있습니다. 결국 다르게 말하는 것이 알레고리죠. 저는 그것이 데리다의 해체적 독해 혹은 글쓰기의 본질이라고 믿고 이 프로젝트 역시 하나의 **텍스트**로 남기를 바랐습니다. 서커스는 언제나 제 마음속에 수만 가지 감정과 생각들을 불러일으킵니다. 펠리니가 아주 꼬마 아이였을 때 한밤중 서커스텐트가 마법처럼 올라가는 것을 본 뒤 평생에 걸쳐 그에 대한 영화를 만든 것처럼 말이죠. 저는 본질적으로 모든 건축을 무대-짓기라고 생각하기 때문에 저에게 서커스와 건축은 아주 밀접한, 어쩌면 운명적인 관계에 있습니다. 건축의 체제 자체가 서커스라는 알레고리를 통해 형상화되지요. 그 모든 과정이 다르게 말하는 것이고 텍스트를 짜는 것입니다. 서커스는 제게 단순히 다뤄야 할 프로그램이 아닙니다. 제가 바랐던 것은 우리가 지어놓은 이 **서커스**의 평면이 점점 실제의 도시와 닮아가는 것이었습니다. 그것이 바로 피라네지가 그렸던 로마이자 칼비노가 묘사했던 칸의 도시들입니다. 피라네지의 그림은 실제 로마의 지도이자 상상 속의 지형에 위치한 도시, 무언가 다른 것을 보여주는 도시의 지도입니다. 그 속에는 어떤 유사 이전의 원시적이고 신화적인 순간들이 현존하고 있지요. 그것은 기록된 것임과 동시에 기록을 하는 텍스트입니다. 프로이트는 인간의 두뇌를 '영원한 도시'라고 불렀지요. 칼비노는 "도시는 자신의 과거를 말하지 않지만 도시의 과거는 손에 그어진 손금들처럼 거리 모퉁이에, 창살에, 계단

난간에, 피뢰침 안테나에, 깃대에 쓰여 있으며 그 자체로 긁히고 잘리고 조각나고 소용돌이치는 모든 단편들에 담겨 있다"[32]라고 썼습니다.

시인/철학자/광대. 에서의 '그리는 손'이 문득 떠오릅니다. 텍스트로서의 **서커스**는 어떤 것일까요?

건축가. 말하자면 **서커스**는 전혀 지어져 있는 것이 아닙니다. 이것은 해석되지 않죠. 그보다도 이것은 단지 해석되는 그런 종류의 것이 아닙니다. 이것은 이대로 보이고 들립니다. 이 건축물은 건축에 대한 무엇인가가 아닙니다.[33] 종내에는 심지어 서커스에 대한 무엇인가도 아닌 것이 되었죠. 서커스는 언제나 사라지게 마련입니다. 우리는 이미 그것을 알고 있습니다.

시인/철학자/광대. 결국 다시 서커스에 대한 또 하나의 알레고리가 되는 것 같습니다. **서커스**는 다시 다른 서

---

32 "자이라의 현재를 묘사할 때는 그 속에 과거를 모두 포함시켜야 할 것입니다." 이탈로 칼비노, 「보이지 않는 도시들(*Le città invisibili*)」 민음사, 2007, p.18.

33 "Samuel Beckett, protégé of Joyce, said the same of *Finnegans Wake*: 'Here form is content, content *is* form. You complain that this stuff is not written in English. It is not written at all. It is not to be read—or rather it is not only to be read. It is to be looked at and listened to. His writing is not *about* something; *it is that something itself.*'" Jennifer Bloomer, 「Architecture and the Text: The (S)crypts of Joyce and Piranesi」 Yale University Press, 1995, p.7.

커스를 낳고 그것은 곧 다시… 그리고 또다시…

건축가. 이 프로젝트가 완성된 후 어느 오후 우리끼리 차를 마시며 재미있는 이야기를 했습니다. 그건 우리가 **판타스틱 플래닛**이라고 명명한 어떤 미지의 행성에 관한 것이었죠. 우리는 서커스를 위한 기하학을 얻기 위해 원의 운동을 일차원적으로 변환시켰습니다. 원 위의 작은 점이 두 가지 속도를 동시에 내포하는 사이클로이드 곡선이 되었죠. 여기서 우리들은 의문을 가졌습니다. 만약 원의 운동을 이차원적으로 변환시키면 우리는 과연 무엇을 얻을 것인가? 일차원적인 변환을 통해 우리는 지금 우리가 **서커스**라고 부르는 건축물을 만들 수 있었습니다. 이건 아주 사소한 시작에 불과합니다. 그렇다면 이차원적인 변환의 결과물은 아마도 **서커스 도시**가 되지 않을까 우리들은 멋대로 생각했지요. 그때 비로소 우리는 제대로 작동하는 서커스를 만들었다고 할 수 있을지 모릅니다. 그 도시는 아마도 피라네지나 칼비노가 묘사하는 아름다운 특징들을 전부 가지고 있겠지요. 그리고 마침내 삼차원적 변환에 이르게 되면 그때 우리는 하나의 거대한 행성을 지을 수 있을지 모릅니다. 그때는 아마도 짓는다는 표현을 사용할 수 없겠지요. 이미 모든 것이 서커스를 통해서 존재하고 있을 테니까요. 그곳이 바로 **서커스 행성**, **판타스틱 플래닛**이라고 우리가 이름 붙인 곳입니다.

early plan study, pencil
Moby Dick, charcoal and pastel

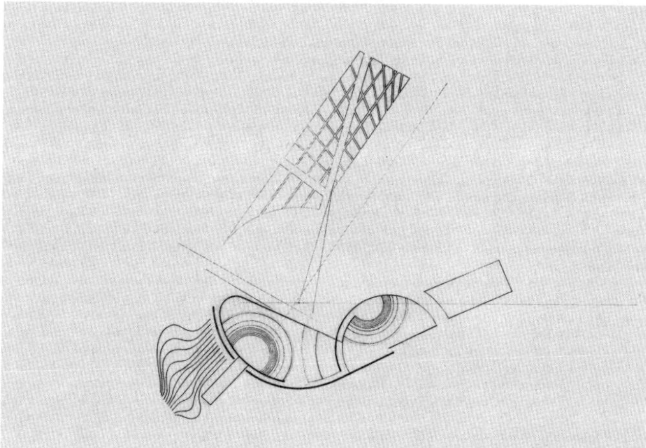

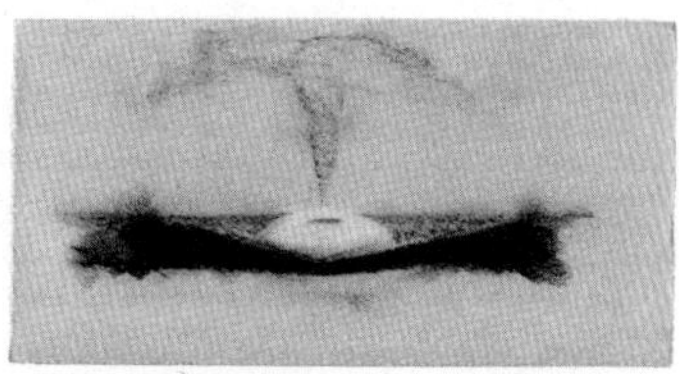

skēnē elevation south-east, digital drawing
plan, digital drawing

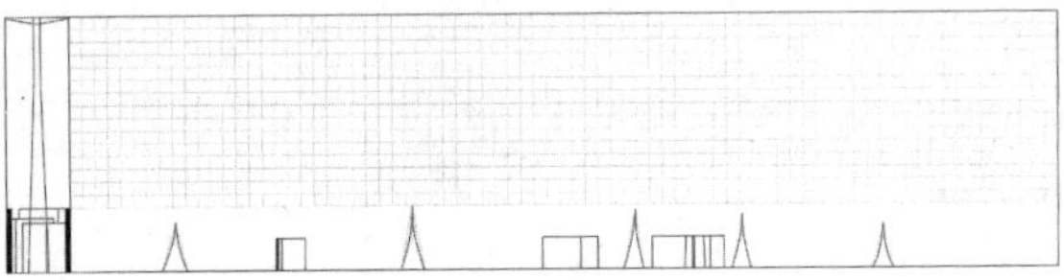

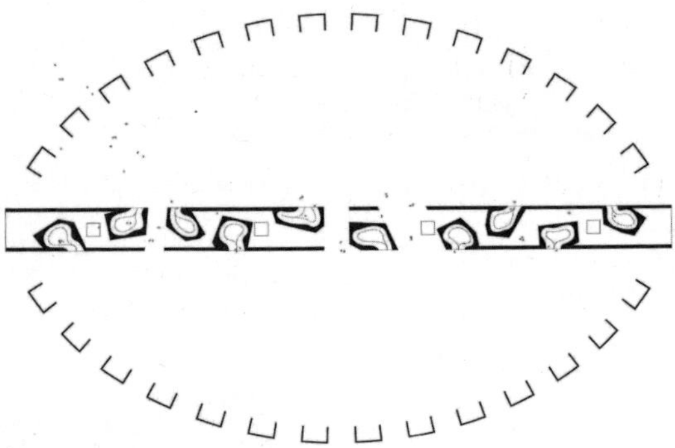

site plan, digital drawing and collage
Il Campo Marzio dell'Antica Roma 1762, Giovanni Battista Piranesi

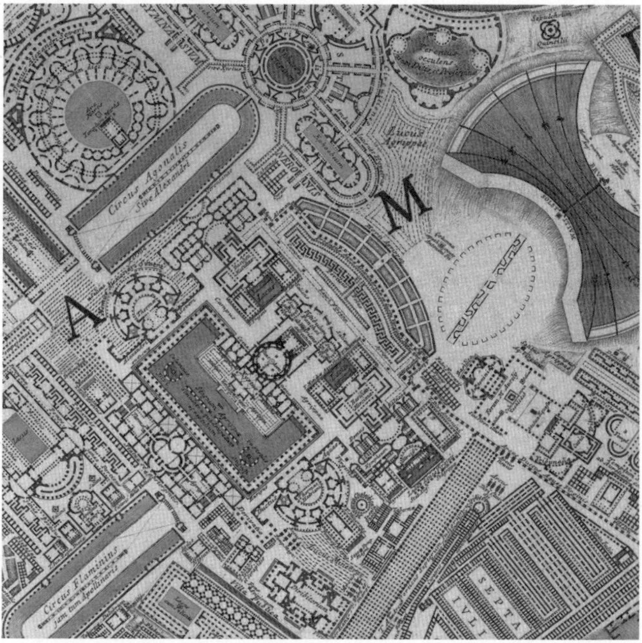

A conversation of a Poet/Philosopher/Clown and an Architect on Fantastic Planet

Poet/Philosopher/Clown. It is very hard for me to define this building in one word. To me it seems to share certain familiarities with the Colosseum.

Architect. Interesting that you should mention the Colosseum, as it does resemble the Colosseum or ancient amphitheatres when you compare the plans. However we called this *Zirkus*. Amphitheatres were usually oval while *Zirkus* is two interconnected cycloid curves, thus the peach-seed shape. We would have had to have built a full city in order to make an actual working circus. Unfortunately I am no possessor of such imaginations as Piranesi or Calvino.

Poet/Philosopher/Clown. Why call it *Zirkus*?

Architect. It is just a name like 'hot desert wind.'

Poet/Philosopher/Clown. There are times when stories on stage seem strangely more real than reality. I should imagine that you have studied in depth about this, that is to say, the attributes or the characteristics of a circus.

Architect. To me architecture is ultimately *stage-building*. Whether it be a church or a school, if it belongs to the realm of architecture, an institution of men, then it is a stage. In other words, we build stages where hundreds of different acts take place. Nietzsche said that both romantic intentions and the consciousness of history and tradition bring images of the future but only the former comes from the true power of the present with the latter from the weakness. He believed that only art can justify our lives. The ancient Greek philosophers, those who came before Socrates were in the most authentic sense, artists. Architects have inherited this commission from humanity to justify the living.

Poet/Philosopher/Clown. Theatre and architecture seem very closely connected. For example, I play *on* a stage.

Architect. That is correct. However the problem at hand is slightly more complicated. Now only plays without a stage exist. And then under mechanical repetition. The circus is no longer a circus. If this is so, the only thing for me to do as an architect is to rebuild the stage.

Poet/Philosopher/Clown. What do you think a play without a stage is?

Architect. The problem of the present time, which Han Byung-Chul revealed, is transparency. People have no distance from themselves. They cannot see or hear themselves. A stage is *having-distance*. When this is no longer possible, that is to say, when both sides are compressed into one, all activities vanish into space. The place they exist is neither inside nor outside. There is no *void*. Eventually architecture, the stage, will mediate distance. To quote Derrida with a slight alteration of my own, the stage is a pure outgo, an extension of the audience from the self. It opens as a genuine outside through theatricalization. I believe this is the role that a modern circus must play. A stage revives *Pathos der Distanz*.

Poet/Philosopher/Clown. So the stage becomes this *Zirkus*. However, if I may express my initial impression, it seems here a stage does not exist. At least not in the form with which we are familiar.

Architect. A stage itself is Pathos der Distanz and a mode of living in which sense then every place becomes a stage. Our conventional concept of the stage is that it is only devised for a particular form of theatre. A proscenium stage as we know it is typical and its principle is very interesting. In a proscenium stage something is positioned in exact opposition. By confrontation left and right cross. The pertinacious division between left and right exemplifies the bilateral symmetry that has been passed down in the history of architecture. In Teatro Olimpico a metaphorical vertical plane, a proscenium, emerges where sightlines intersect, meaning that now architects could conceptually partition a new space purely by their own will and demand. This arcane art of window-making was already prophesied with the arch appearing in the frons of Palladio. In rhetoric, chiasmus implies inverted parallelism. It also assigns balance in the order within the text. "Fair is foul, and foul is fair."

Poet/Philosopher/Clown. I recall Alice walking into a mirror. At that moment she is caught by a very peculiar thought: Whether her cat Kitty would be able to drink the milk inside the mirror... it is my belief that the cat would indeed not be able to drink it.

Architect. The irony of life is essentially colligated with the double-sidedness of existence. A proscenium stage or a mirror is a parallelism to this world. What phenomenology understands as a continuous present is in fact within the self or the ego being endlessly and recurrently divided. In order to signify this différance, something must be crossed. At this very point Derrida locates the Greek *skēnē, the scene building*. A stage is a dividing continuity. Merleau-Ponty planned an ontology that surpasses the negative conflict between the mind and the body, the self and the other, en soi and pour soi and the ground principle of this idea was the chiasm, the crossing. This perspective derives from Husserl's Einfühlung, in which he explains that every perception is supported by anti-perception and that speaking-listening, seeing-being seen, perceiving-being perceived and active-passive dichotomies maintain an annular relationship. The very activity that captures existence is simultaneously captured by existence. MacDonald describes that seeing the reflection of his own room in a mirror is similar to reading about his own room in a story he enjoys. There is a fundamental form of stage in reading about my own room or listening to my own speaking. This is *theatricalization*. On a stage every glance is inevitable.

Poet/Philosopher/Clown. Nietzsche said to write poetry whilst perceiving and to perceive whilst writing poetry. However a circus stage seems somewhat different. To begin, it is now circular. A change developed in the course of stage-building.

Architect. The building of the circus stage is far more complicated and interesting. The father of the modern circus, Philip Astley opened the first circus in England in 1768. The early circus was comprised mainly of riding and the presentation of levels of horsemanship. It was fully dependent upon horse riding and it was thus very important that the horses could gallop conveniently. The circular stage with a diameter of 13 meters which Astley first adopted was very successful first in that it made it easier for the audience to watch the acts and also in that it generated a centripetal force which facilitated better balance for the riders when they stood on their horses.

Poet/Philosopher/Clown. In a movie of Fellini's, men wearing horse heads pull a funeral coach around the stage. In the end it catches on fire.

Architect. Both *the circle and fire* are two of the oldest themes of the circus. If the proscenium stage of the theatre is a flat mirror then the circular stage of the circus is a convex mirror. The chiasm of the circular stage derives various abnormalities. Not only with left and right but now big and smaller-deformed or small and bigger-deformed confront each other. That is the form of the clown, the big nose and shoes, the fantasy of the circus. However the young Fellini saw in them his village neighbours, a strange yet fantastical reality. The grotesque does not condense but rather takes down the veil of theatricality.

Poet/Philosopher/Clown. It could be one indication of the mystery of a circular geometry.

Architect. The inside of convex mirror is an infinitely expanding void. In other words, a convex mirror is infinitely outside, ever-radiating. A concave mirror is completely the opposite; a concave mirror is infinitesimally inside. It is the dynamic of Transparenzgesellscahft where every Erfahrung is reduced to Erlebnis. The geometry of the circus is the geometry of horseriders, the geometry of circular rotation. It is not like Boullée's sphere for Newton, a taxidermy in grandeur. On a horse that runs in circles the rider is affected by the centrifugal force. He uses it to better balance. This is an imaginary force that pushes the rider outwards. This is a completely nonexistent force. Is this not fascinating? The circle of the circus is solely this motion and the generation of this motion. The circus is *the revolution of the horseriders*. To people like us who must borrow geometry, the problem of the circus is essentially cubistic. It is the intersection of sightlines in motion. The geometry of the circus is the recurrent drive toward the outside, it is *continuous-emptying* and is eventually *not-being-there*. A void, la disparition. The radiation of a convex mirror and the centrifugal force are both allegories of a void.

Poet/Philosopher/Clown. Eventually in the end,

something must be emptied?

Architect. That creates distance. And the outcome is distance that transcends far beyond the physicality of distance. Things one-dimensional, of one-matter and silence accumulate and only then can distance be measured. A man now watches himself as if he were an actor, hearing his own speech in a way never heard before. It is the vacant land left behind after the dismantling of the circus tent, it is a great circle you see, which gives the circus its existential value. We know that a circus leaves. It comes and goes again. A circus tent is always constructed in a manner which is easy to dismantle and these facts compose one great allegory of a circus. Instance seems to oppose eternity, but in truth they are connected; sometimes we live only within instance and sometimes within eternity. This is highly, almost fundamentally problematic. Is it not the same to be unable to build a circus and to be unable to build a ruin? It is in the nature of the circus to be composed of the unwinding fabric you see. We always came back to square one.

Poet/Philosopher/Clown. I see it is because the circus has departed that the circle is empty. It seems that the circus becomes an inevitable precondition somehow.

Architect. That is precisely so. The inside of the circle is always almost-nothing as well as almost-everything. This symbolic representation is found in a variety of different places. My favourite is in Schedel's 'Nuremberg Chronicle.' For this book which is perhaps one of the greatest illustrated works in the first half-century of movable type printing, Wohlgemut and Pleydenwurff created more than 1,800 woodcuts to be used as illustrations. Among them was a work depicting the Third Day of Creation, and what happened with the print of this image is very interesting. In the original colour version, the circle that delineated the space of the world was half-filled by ocean. However in the popular edition which was produced in black and white, the subtle gradation which implied the greater depth of the waters failed to show due to the poor quality of the print. It looked as if God had simply left the world in nothingness.

Poet/Philosopher/Clown. "Let the water under the sky be gathered to one place, and let dry ground appear." That disparition then is almost-everything.

Architect. Saint-Exupéry said water is life. For Diolé who travelled far and wide, to both desert and undersea, the ocean was a singular space. 40 meters under water he truly went "*into the volume of water.*" This "*space-matter*" or in other words, the space of one-matter becomes an indication of infinity. This kind of experience does not occur in cities. It stays for a very brief moment and vanishes in an instant. Like a circus.

Poet/Philosopher/Clown. Although the circus seems to have come more from fire than water.

Architect. Indeed Boullée lit a fire in the heart of a great sphere and that fire is the fire that appears in the allegory of the Cave. Between Nietzsche's midday and Wagner's night, between the light of the sun and the darkness of the cave so to speak, this fire enables a new form of living. Fire creates *stories.* This narrative is not a mimesis but a mode of existence. This is the foundation of the circus. What kind of place the circus must become is indisputable. The circus is neither the pessimism that Nietzsche so fiercely fought against nor the Decadent art. It is quite the opposite. However the circus rises from the magic of night and the apparitions of fire. We discover significations and images. Life can become a story.

Poet/Philosopher/Clown. When *Zirkus* was under construction, smoke rose for a long time. It was a beautiful sight. The children nearby were excited thinking it had caught fire.

Architect. We cut and trimmed tree trunks with a diameter of about eight inches and up-ended them to form huge wooden tents. We called them Laugier's huts. After we had erected 10 of these tents we poured concrete around them and they hardened like great blocks of marble from Pentelikon. And lastly we started a fire on the wooden tents. Inside the big rocks the tree trunks burned slowly for three weeks. Smoke rose from the top which looked like snakes, growing bigger as their bodies gradually unwound upwards. When we first walked into one after the fire had died, one of us said that it was an inverted tent, which was to me an especially interesting comment. I like the word 'tent' very much. A circus is always contained within a tent. We received, inside these burned masses of concrete, an impression stronger than we had imagined. It smelled very pleasant. Someone whispered that it was not all in vain. That we did manage to empty something.

Poet/Philosopher/Clown. What I felt when I first entered is very hard to describe. The speed of my pulse suddenly felt different. It was very quiet although there were people right outside. Or maybe I just felt that way. There are 10 of these so called 'inverted tents.' And on top of them a great wall. No windows or decorations of any sort.

Architect. The Sperm Whale's brow gives no indications. There you can see no one point precisely. No nose, eyes, ears, or mouth. Melville said that "in the great Sperm Whale, this high and mighty god-like dignity inherent in the brow is so immensely amplified, that gazing on it, in that full front view, you feel the Deity and the dread powers more forcibly than in beholding any other object in living nature." The pyramid-like silence reveals the genius in him. We strove for this. Four gargantuan steel pillars the height of transmission towers carries on both shoulders totaling 2,310 sheets of marble. From outside the rocks shine white. You cannot see through them. In our heads lingered the brow of the great Sperm Whale. I think in essence whiteness is not the visible absence of colour, but rather the concrete of all colours. That is why nothing appears in the vastness of snow yet you can see so much. Yasunari also could see the secret beauty cast in snow and its concrete of colours. The indefiniteness of white pierces us with the sense of annihilation. It is like one-matter. The infinity. The principle of light is essentially and forever in white but not yet have we solved the incantation of this whiteness. To Melville the sole great symbol of all this was the white Sperm Whale. It is a fanatical, very beautiful and understandable pursuit. And we followed him.

Poet/Philosopher/Clown. Could the fact of the Sperm Whale having no genuine face be a metaphor for us?

Architect. Something could be implied. But our *having-no-face* is very different from that of the Sperm Whale's. It was in Picard's description that the human face is the last border between word and silence. He said "silence does not try to escape from the dome of brow but like a dew fall in drops within." Secrets indwell the face that holds silence. That is *space*. If silence is absent the face becomes dreary and inelegantly urbanized. He said "in the faces of today's men can no seas or mountains be found. Faces are no more able to contain, ...and the cities have been built in empty faces." On the contrary, in the face–or no-face–of the Sperm Whale are no talking eyes, nose or mouth, only the oceans.

Poet/Philosopher/Clown. Seen from the exterior the rocks are white. But from the inside it is very different. The light the rocks transmit compose a flame-like pattern that continuously changes. It looked as if both sides were curtained with gentle maneuvering fire. I think I should say that I was Jonah then. Of course what had surrounded me was not water but fire.

Architect. The sheets of marble transmit light. Thinly polished, the rocks all contain an intrinsic pattern. When the sun comes through they glow with soft yellow and magenta. It is the revelation of the traces of Nature. We wanted fire to be existent inside. The tree trunks became ashes after the three weeks of burning and left behind vestiges. As water is life to men, the circus breathes fire. If the Cave of Plato had lost the fire, it would have lost its stories also. This fire reaches the height of 52 meters and as a result it turned out as a long, thin building. While we were standing around one of my sketches, all deep in thought, someone abruptly shouted "skēnē!" At that time there was this very old and faded plan of the theatre of Epidaurus pinned to the wall. We all turned our heads to look at the old plan. It was truly a skēnē. Only then did we realize that the long and thin building we had come up with was *the scene building* Derrida borrowed from the Greeks. After this long search we were back to ancient Greece.

Poet/Philosopher/Clown. This long and thin building then is a scene?

Architect. A 'skēnē' literally means a 'scene building.' On the façade of the skēnē were a series of openings from the large chambers behind called 'thyromata.' The coloured panels called 'pinakes' were hung over these openings, which were the scenes. These paintings became the backgrounds for the play. The vast wall we have put up depicts no scene and yet at the same time, all scenes. It is similar to the inside of a circle. The sight disperses here. It is in essence a convex mirror which endlessly radiates. It is the *arche-skēnē* from which everything comes forth. And on the ground it has small crevices. This *punctum* is a very slightly lifted or torn fabric, and as the young Fellini we peek through. *Secrets* unveil. And farther beyond are ironically the audience again. They become the scene behind the scenes, the background of the backgrounds.

Poet/Philosopher/Clown. Through these cracks are the people seen again who move about freely like small ants on the other side. To me it felt like looking into a sharp spyglass which penetrates the magic to reveal the real life again.

Architect. That the audience consequentially becomes the background again is very important. The circus is exactly the precondition for this. The audience must pass through it. At least that was our goal. The 18th century French theatres were basically built on the view of the world from the time before ancient Greece. Until 4 or 5 B.C. the earth was believed to be flat. At the end of the earth was the ocean or the air or the firmament. When a man reaches the end of the world he pokes his head through the firmament to look up to the heavens. This is exactly what happens in the frons of Palladio. The sight is always one-directional. Ledoux's eye is representative of this directionality. The sight that pierces into the stage must go on, to the inside of the stage. This is the same with the circus stage. The circle of the circus is like a miniature planet rotating in the centre of the audience. The audience gather around and look down onto it. The sight is drawn into the circle and vanishes in the centre. It is *the gravity* of the planet. The planet disappears. It ends only as apparitions.

Poet/Philosopher/Clown. So something is constantly disappearing.

Architect. Scolari drew 'The Return of the Argonaut.' The voyage of antiquity was always about nostos but the modern voyage has no *return*. It ends in Baudelaire in a type of metaphysical abyss and the senselessness of Kafka's 'Memories of the Kalda Railway.' On the contrary, Scolari constantly tried to portray the return. He persistently comes back to the objects. The mark of his painting is that it does not have a perspective; the objects lie parallel, equidistant from each other. This representation in reference to Plotinus, which depicts objects as their actual size, close up, in their authentic colour and form, in broad daylight and without perspective distortion, is paradoxically a struggle against that which we consider to constitute the object itself, the obscure matter. The objects stand right in front of us now. We see the objects in an equal state as ourselves. The objects are freed. The absence of perspective means an unterminated space. Now the objects are rendered infinite by their own confines. The important fact is that this kind of representation now controls the order of the world's existence. And it is in this way that architecture and landscape mix together in a surreal way to form the hallucinated machines of Scolari's works. The hierarchy of the objects in perspective collapses. No object becomes reduced or disappears anymore; it is here and there. However it is always singular. Only the breadth of existence becomes vaster.

Poet/Philosopher/Clown. The problem of perspective again seems to be linked with the problem of distance.

Architect. Although we must use different

prerogatives from the painter because "the architect must use a doorway that is bigger than a person." We work with sizes. In the whiteness of the façade the sight disperses and disappears. It is like standing directly in front of a great canvas, upon which nothing appears yet we can see what is reflected. We must go through the world that emerges.

Poet/Philosopher/Clown. And behind that is again the audience. So it is a return?

Architect. Yes it is. The return to the self. This kind of topological transition does not occur in a proscenium or a circular stage where the audience does not move. However, here in *Zirkus* the audience lose their sight, instead moving themselves and going through. Life here is not confined within the fantastical apparitions anymore. Something real–an actual change–happens. They go through the emptiness, silence and fire.

Poet/Philosopher/Clown. And this process becomes *the stage.*

Architect. I will quote Derrida once again. The stage is a pure outgo of the audience from the self. It opens as a genuine outside through theatricalization. To you it first seemed that here a stage does not exist. That is because this is simply not that kind of stage. The journey of Scolari–the ancient voyage–is set upon independently. Somebody leaves with a problem. At long last he comes back home. If this is to be a Colosseum then the audience is not the passive perceiver anymore, but themselves the gladiators who gather in an arena. For that to be made possible, this place would have to serve as an assembly point, such that a man can now independently walk into a place and later, come back out to whichever direction he desires. Eventually *Zirkus* had to become a square, a gathering place. The 18th century world was theatrum mundi, a world in which a public space was a kind of stage. *Zirkus* perhaps really is a Colosseum.

Poet/Philosopher/Clown. In the centre of *Zirkus* stands the wall, or as you have explained, the skēnē. I think it strongly signifies not only the double-sidedness, but also ironically the much stronger sense of unity.

Architect. One thing we were absolutely sure of from the very start was that this circus as an object, this allegory of the circus, must be deconstructed but deducing how to draw it was not an easy task. There is an interesting episode connected with a convex mirror: One day when he visited a barbershop, the 19-year-old Parmigianino saw for the first time in his life a convex mirror. That mirror showed near objects much bigger and far much smaller. Parmigianino wanted to draw his reflection on this peculiar mirror but if he drew on a flat plane he would have to distort the already distorted image in the mirror once again, so he tried to find a way to make a canvas in the same form as the mirror. At last he cut a wooden ball in half and upon the surface of the half-ball drew his reflection. This strange painting soon became very famous and not long after caught the attention of the Pope. He was reminded of transcendental heavenly landscapes when gazing upon the portrait of Parmigianino on the hemisphere.

The Pope naturally decided that this young man alone should be allowed to depict Paradise and soon the young Parmigianino was commissioned to draw a fresco for the unfinished church of Santa Maria della Steccata.

Poet/Philosopher/Clown. You mentioned the two cycloid curves. That they are interconnected.

Architect. There is no way in which one can explain geometry. Architecture is built in just such a way. We too needed a geometry and that is all. We started with the very simple orbital motion of rider, but we could do nothing with the motion alone. Something had to be exposed. A cycloid unfolds this motion and presents it in a mathematical sequence to us and so the circular geometry that first seemed unalterable was finally deconstructed into available form and significance. As a circle rolls on a straight line with the distance of its circumference, a cycloid emerges. A point on the circle maintains its position yet constantly moves. In this process, the outside of the circle is in a recurrent relationship of intersection with the inside of the circle. We thought that this multivalent curve embodied the essence of theatricalization; a man would always have to stay within himself but will continuously exuviate and discover the outside. The cycloid which emerged in the end was the trace of the audience and simultaneously the path laid before them. On the other hand, the straight line over which the circle moves is the circumference, the convex mirror where all the crossings happen. If we schematize this correlation we can represent the topological relationship between the skēnē and the audience. However, with this the audience cannot go through to anywhere because it is undefined beyond the skēnē. Nostos is impossible. That is why we have concluded that the skēnē must have no back and be double-sided. Naturally the two curves had to meet. And it made the perforative directivity much stronger.

Poet/Philosopher/Clown. So you have put together the wooden ball that Parmigianio had cut in half?

Architect. The speech of Aristophanes on primeval man is well known. Originally man was round, his back and sides forming a circle and he had four hands and the same number of feet, one head with two faces looking opposite ways, set on a round neck and precisely alike. He could walk upright as men now do, backwards or forwards as he pleased, and he could also roll over and over at a great pace, turning on his four hands and four feet, eight in all, like tumblers going over and over with their legs in the air when he wanted to run fast. They were strong and attacked the gods. Zeus then cut them in half and they became the shape that we are now.

Poet/Philosopher/Clown. I think now I understand why five tents face the front and the other five the opposite.

Architect. It is to me especially intriguing that men rolled like tumblers. Just as the ontology of Merleau-Ponty, this plan is also annular. Perhaps even the destiny of men.

Poet/Philosopher/Clown. There seem to be so many significations intertwined within *Zirkus* that they all combine to create one great allegory.

Architect. 'Allegory' comes from Greek 'Allegoria', a compound word created from two words meaning 'different' and 'to speak.' Allegory is thus to speak differently. I believe that is precisely the essence of Derrida's deconstruction of the text and I wanted this project to become *a text* as well. The circus begets so many imaginations and emotions within me, just like Fellini who had seen the circus tent magically erect in the midst of night and then made movies about it for the rest of his life. I believe essentially that architecture is stage-building and therefore to me the circus may be in the place closest to architecture, even by destiny. The mechanism of architecture is embodied in the allegory of the circus. All such processes are a way of speaking differently and weaving a text. A circus is to me not mere content. What I wanted is that this plan of *Zirkus* gradually grows to resemble a real city. When the moment comes, where the allies and all the secret rooms wriggle into life as real parts of a city, I will finally be able to conclude the project. That is the Rome that Piranesi drew and the cities of Khan that Calvino so beautifully described. Piranesi's drawing shows the map of the city – the real city – but it is also the city existent in the great mind of the architect, the city that shows something different. Freud used the term 'eternal city' as a metaphor for the human brain. In the Rome of Piranesi, the moments of primitive times and mythology are existent. His city is not just recorded. It also records synchronistically. Calvino described that "a city does not speak of its own past, but the past is like the delicate lines in the palm of hand, in every corner of the streets, in the bars of the windows, in the rails of the stairs, in the tips of the lightning rods and in the flag poles inscribed and in every scratched and cut debris in whirlwinds inherent."

Poet/Philosopher/Clown. 'Drawing Hands' of Escher comes into my mind. What is *Zirkus* as a text?

Architect. That is to say, *Zirkus* is not at all something that is built. This is never translated. Or rather it is not the kind of object to be translated. It is something to be seen and heard. Experienced. This project is not something about architecture. Eventually it even became something that is not about a circus either. It is only that something itself. A circus is bound to disappear. This we all know even without any experience.

Poet/Philosopher/Clown. I see that in the end it becomes a new allegory of a circus. *Zirkus* bears a new circus and that after again and that after...

Architect. One afternoon after this project was completed, we were having tea and had an interesting conversation about this unknown planet that we had named *Fantastic Planet*. To define the geometry of the circus we had one-dimensionally converted the movement of a circle. A point on the circle became a multivalent curve with a range of constant dimensions and variable proportions; a cycloid. We then asked ourselves, what would we get if we two-dimensionally convert the movement of a circle? With the one-dimensional conversion we could build what we now call *Zirkus*, but this was only the beginning. We thought to ourselves, perhaps the result of the two-dimensional conversion would be *a Zirkus city*. Then we might be able to say that we have actually built a living circus. That city would have all the beauty and life Piranesi and Calvino imagined. And with the three-dimensional conversion we might even be able to build a whole planet. Then of course, we would not be able to use the word 'to build', as all things would already be existent through the circus. That place is *the Zirkus planet*, which we now call *Fantastic Planet*.

지금 그대가 누리고 있는 생명이란
부드럽게 흔들리는 배가 나누어준 그 흔들리는 생명뿐이다.

「모비 딕」

"우리가 살 곳은 어디인가?" 1990, 김용수
민주화운동기념사업회/© 김용수 2017

비행선의 발굴

하이데거는 철학의 기원을 사유하면서 존재함의 사실이 그리스인들에게는 가장 큰 경이로움이었다고 썼다. 존재자는 존재한다는 사실에 우리는 마음을 쓰지 않는다. 그 이야기는 우리에게 간혹 진부하게 들리며, 우리는 그 사실을 이미 알고 있기 때문이다. 그러나 바로 이 사실은 그리스인들에게 가장 놀랍고 경이로운 것이었다. 그들은 이 놀라움이 누구나 이해할 수 있는 설명 속에서 사라지는 것을 원치 않았다. 그들은 지성을 시장에 내놓은 소피스트들에 대항해 이 아르케, 즉 존재자의 존재를 결정짓는 제1근거를 목적으로 하는 사유를 세우고자 했는데, 이것이 바로 소폰이다. 그들은 **소폰을 사랑하는**philein to sophon 자들로서 다른 사람들에게 소폰을 일깨워준다. 사형당하기 직전의 소크라테스는 10대 소년이던 기하학자 테아이테토스에게 다음과 같이 말했다. "그렇게 놀라는 감정, 즉 **파토스**야말로 실로 사유를 사랑하는 자의 것이

네. 이것 말고 철학의 다른 출발점은 없네."[34] 소폰을 세우고 추구함으로써 그리스인들은 존재의 경이로움으로 나아가고 그것을 지켜낼 수 있었다. 하이데거는 "철학이란 무엇인가?"라는 물음을 통해 위와 같이 사유의 구축을 추적한다. 이에 대한 김영철 선생님의 팔리노디아[35]는 건축의 근거를 **구축의 사유**에서 찾기 위한 시도였다. 여기서 건축은 "존재자를 시야에 받아들일 수 있는 일종의 [탁월한] 권역, 다시 말해 그것이 존재자인 한에 있어서 **그것이 무엇인지**was es ist를 바라보는 [고찰하는] 가운데 그것을 받아들여 잘 다스릴 수 있는 하나의 방식"[36]이 된다. 그것은 존재에 경이로움을 되돌려준다.

인간은 그 반대의 무엇인가를 할 수 있는 능력이 있다. 그것이 도대체 어떻게 가능한가 하는 것은 나에게 대단히 본질적인 문제였다. 실제로 그러한 사건이 일어나면 그것은 매우 비현실적으로 느껴진다. 의미가 사라지기 때문이다. 그것은 완

---

34 플라톤, 「테아이테토스(*Θεαίτητος*)」 숲, 2017, 155d.

35 "**사유**arche의 **구축**tektonike이 건축의 본질architektonike이며, 건축 개념은 **구축**의 **사유**에 근거한다는 생각으로 하이데거의 사유를 건축의 영역으로 옮겼다." 김영철, 「건축-그것은 무엇인가?: '구축의 사유'를 위해 '사유의 구축'으로부터의 팔리노디아」 2014, 주1.

36 "철학은 존재자의 존재에 다가가는 도상에 있다. 즉, 존재의 관점에서 존재자를 탐구해 나가는 도상에 있다." 마르틴 하이데거, 「동일성과 차이」 중 「철학-그것은 무엇인가?(*Was ist das-die Philosophie?*)」 민음사, 2000, p.86-88.

전한 무(無)도 아닌 건축적, 존재적 림보의 상태다. 나는 그것이 한국에서 내가 발견한 포스트모더니즘의 언캐니라고 생각하게 되었다. 서울의 도시개발사업은 대부분 전면 철거를 전제로 계획된 것이다. 그 현장은 마치 쓰나미가 지나간 도시를 방불케 한다. 내가 발견한 두려움과 공포는 전혀 길들여진 유형의 것이 아니었다. 그것은 절대적이었고 고삐가 풀린 것처럼 느껴졌다. 낡은 집들이 인력으로써 파괴되었고 최후의 거소였던 작은 천막들은 굴착기에 의해 찢겨나갔다. 그것으로부터 무엇이 도래할지 나는 도저히 상상할 수 없었다. 아무도 감히 그 위에 새로운 도시가 세워진다고는 말할 수 없다고 느꼈다.

폐허의 두 가지 원인은 자연재해와 전쟁이다. 2001년 9월 11일 아침, 뉴스를 보면서 내가 느꼈던 감정은 전쟁에 대한 공포가 아니라 난공불락이라고 믿어졌던 존재의 권역이 한순간에 무너져버린 사태에 대한 충격이었다. 110층 높이의 무엇인가가 엄청난 먼지를 일으키며 사라졌다. 이것은 은유적인 표현이 아니다. 이소자키가 말했듯이 실존적 위험을 다루지 않는 창조력은 있을 수 없다는 측면에서 전쟁은 존재의 어두운 면이다. 그것은 다음과 같은 본질적인 질문을 던지는 전면 철거 속 모든 언캐니다. "우리가 살 곳은 어디인가?" 이 한 장의 사진은 나에게 강렬한 인상을 남겼다. 철거 예정의 건물 벽에

다가 그들은 스프레이로 우리 인간들이 태곳적부터 던져온 질문을 썼다. 나는 그 문제로부터 출발하고자 했다. 나에게 주어져 있는 것은 아무것도 없었다. 사람들이 쫓겨나고 존재하던 집들이 사라졌다. 그 상황에서 새로운 무엇인가에 대한 고민을 한다는 사실이 아이러니컬했다. 헤이덕은 집 없는 자들을 위한 집을 그렸다. 나는 이 프로젝트가 아무도 살지 않는 집이 될 것이라는 느낌을 가지고 있었다.

철거된 도시는 피라네지의 동판화 속 모습 같다. 기둥과 벽이 무너졌고 빈 공간을 찾아보기 힘들다. 그곳에서는 모든 것이 부유한다. 정신적인 것들은 지상과 연결되지 않은 채 먼지 구름처럼 흩어져 떠다닌다. 나는 이것이 포스트모던의 정신과 닮아 있다고 느꼈다. 비들러는 언캐니가 본질적 삶이 불가능한 현대의 상황을 은유한다고 해석했다. 역사의 종말 혹은 역사 이후에 대한 논의는 자연스러운 귀결이었다. 언캐니는 아직 끝나지 않은 역사에 대한 마지막 몸부림과 같은 것이었을 수 있다. 소위 **탈현대**post-modern 역시 사라진 것을 조명한다. 그것이 지금 우리 시대의 한 부분을 이루고 있다. **탈역사**의 공백은 곧 건축에게 남겨진 미래의 유산과 같은 것이라고 생각한다. 폐허에서 의미 있는 것은 이 **공백**이다. 그것은 이미 소통 가능한 최소한의 언어를 잃어버렸음을 의미하며 폐허에서의 깨달음은 무언의, 즉 언어를 초월하는 어떤 내적 기호에 의한 것이다. 그 상징들 속에서 보들레르의 늙은 방랑객은 홀린 눈으로 카푸아를 발견한다.

콜하스는 코니 아일랜드를 맨해튼의 인큐베이터로 보았다. 전혀 발생하지 않을 재앙들의 축적이 도시의 시작이었다면 모든 것이 파괴된 도시의 림보는 그러한 재앙들이 해방되는, 그리고 가장 폭발적으로 발생하는 어떠한 장소일 것이다. 말라르메는 발생하는 것이 있다면 그것은 그저 장소일 뿐이라고 했다. 콜하스의 재앙은 인간의 가장 브루탈한 정신에서 온 것이다. 그것은 도시의 비밀스러운 본질이며 결코 연출되지 않는다. 파괴된 장소는 반대로 모든 것이 가능한 곳이 된다. 폐허에서는 모든 재앙과 초현실적 사건들이 연출된다. 그것은 제도적이거나 의도된 것과는 다른 방식으로 발생한다.

존재 자체나 그 발생이 아닌 **빈터**는 플라톤에 의해 이미 발견되었다. 티마이오스에서 처음 등장하는 이 코라의 개념을 하이데거는 존재와 존재자의 존재론적 **차이**Differenz로 이해했다. 여기서 코라는 존재에서 존재자가 드러나는 사건의 장소가 될 것이다. 데리다는 하이데거로부터 이 차이의 개념을 계승해 **차연**différance이라고 불렀는데, 하이데거의 차이가 공간적으로 제한되어 있었다면 데리다의 차연은 이 차이의 운동을 이해하기 위해 고안된 시간적인 개념이었다. 그는 차연을 통해 코라를 무한한 의미 생성의 장으로 이해했다.

실제로 건축가는 코라를 지으려고 했다. 추미에게 아이젠만과의 라 빌레트 프로젝트 협업을 제안받은 데리다는 당시 자기가 쓰던 글을 아이젠만에게 보냈는데, 그 글이 코라에 관한 것이었다. 아이젠만은 그 개념에 관심을 보였고 둘은 새롭게 지을 정원에 그것을 구현하기로 합의했다. 그러나 작업은 성공적이지 못했다. 결국 2년 후 그들의 프로젝트는 무산되었고 뒤에 둘의 작업 과정만이 'Chora L Works'라는 제목의 책으로 남게 되었다. 실제로 코라를 건축적으로 구현하는 것은 불가능했을 것이라고 생각한다. 코라는 단지 경계이며 건축에의 기여물로서의 건축물이 아닌 건축이라는 **발생**genesis 그 자체로서의 장소일 뿐이다. 그것은 이데아와 감각 어느 것을 통해서도 표현되지 않는다. 코라의 개념에 물질적인 모양을 준다면 그것은 이미 코라를 통과한 어떤 결과물에 불과할 것이다. 플라톤은 공교롭게도 이 코라를 체의 비유를 통해 설명했다. 코라의 모더니즘은 바로 이 그리드를 통한 **~로부터**abs **끌어내기**trahere, 즉 **추상화**의 과정이었다. 라 빌레트 프로젝트의 실패는 코라의 무용성을 보여준다. 그러나 아이러니컬하게도 코라의 개념 자체가 바로 모든 건축적 가능성을 함축하고 있다. 코라는 언제나 모든 것을 다시 새롭게 세울 수 있는 가능성이다. 이러한 코라의 미학적, 정치적 급진성은 폐허에 대한 묘한 알레고리처럼 느껴진다. 건축적 림보, 폐허의 상태는 언제나 재구축의 가능성을 내포하고 있다. 그것은 가장 원시적인 비결정의 상태로 놓여 있다. 다시 말해 그 장소에서는 언제나 무엇인가가 드러난다. 그러한 상태는 전혀 의도되거나 만들어진 것이 아닌, **단순히 그렇게 있게 된 것**이다. 이것을 가장 명확하게 보여주는 예가 전쟁 후의 도시다. 이소자키는 히로시마에 원자폭탄이 떨어진 24년 후 그 폐허 위에 다시 폐허가 된 자신의 초구조체들을 그렸다. 그는 "남겨진 파편들은 오직 상상의 구축을 통해서만 복구될 수 있다"라고 말했다.[37] 이것이 곧 구축의 사유다.

이소자키의 구조체들은 전혀 그 장소로부터 나온 것이 아니다. 그것은 지어진 것이라기보다는 그곳에 추락했고 부서진 것처럼 보인다. 그는 아마도 그 장소의 공백을 이해하고 있었을 것이다. 나는 이 프로젝트에서 역시 무엇인가가 그 장소로로부터 발원하는 것이 아니라 그 장소로 도착해야 한다는 강력한 믿음을 가지고 있었다. 그 접촉의 장소는 수면의 경계와 같다. 우리는 그곳에 가까워지고 있는 표상이 수중으로부터 상승하는 것인지 공중에서 하강하는 것인지 판단할 수 없다.

37 "They are dead architecture. Their total image has been lost. The remaining fragments require the operation of the imagination if they are to be restored." Arata Isozaki.

그 즈음 나는 꼭대기에 비행선이 정박해 있는 엠파이어 스테이트 빌딩의 사진을 보게 되었다. 뉴욕 타임스에 실렸던 이 사진은 아마 최초의 디지털 합성사진이라고도 할 수 있을 것이다. 이미지는 허구였지만 그 효과는 드라마틱했다. 비행선의 초현실적인 모습과 함께 당시 세계 최고층이었던 엠파이어 스테이트 빌딩의 높이가 여지없이 드러났다. 수직성과 수평성의 교차는 어떤 수학적인 아름다움을 지니고 있었다. 그것은 또한 전혀 다른 두 세계가 만나고 있는 듯한 묘한 느낌을 불러일으켰다. 나는 부유로서의 비행선의 이미지에 완전히 매료되었다. 그것은 단순히 코르뷔지에에게 깊은 감명을 줬던 기계공학적 미학이 아니었다.[38] 비행선을 채우고 있는 가벼운 공기와 그 부푼 천막의 곡선은 향수를 불러일으켰다. 그 향수는 내가 존재하지 않았던 시대, 내가 알지 못하는 시대와 세계에 대한 향수였다. 나는 그 비행선을 프란시스 베드포드가 찍은 카이로의 시타델에 오려 붙였다. 현대 기술의 첨점에 닿았던 그 기계는 다시 과거 문명의 등대와 접촉했다. 내 마음 속에서 그 비행선은 이제 새로운 축적, 모든 역사와 기술의 축적으로서의 상징이 되어가고 있었다.

---

38 "대형 여객선이 수송을 위한 기계라는 사실을 잠시 잊고 그것을 새로운 시각으로 바라보면, 우리는 조용하면서도 생명력이 넘치고 강한, 대담성과 단련, 조화와 아름다움의 중요한 발현과 대면하고 있음을 느끼게 될 것이다." 르 코르뷔지에, 「건축을 향하여(*Vers une Architecture*)」 동녘, 2002, p.116-117.

비행선의 반중력성은 다시 말해 반건축성이기도 하다. 물론 우리는 이제 우주 정거장의 건축을 발명해야 하는 시대에 다다랐지만 모든 건축적 체제와 구조적 질서가 결국 중력으로 귀결된다는 점에서 중력은 건축의 중심에 있다. 중력은 우리가 사는 세계에 안정감을 선사한다. 그것은 건축이 붕괴되지 않고 작동할 수 있도록 긴장시키는 구속력이다. 그러나 비행선은 이 힘에서 스스로를 해방시킨다. 그것은 자체적인 동력을 가지고 있다. 나는 그 해방을 철거된 모든 것에 대한 은유로 받아들였다. 구조적으로 이 프로젝트는 압축과 인장의 원환적인 관계 속에 있다. 구조적으로 형성된 고리는 이미 완성되어 있는 것이다. 자체적인 중력이 그 내부로부터 발생한다. 그것은 자연이자 인간의 기관으로서의 대지로부터 떠오른다. 그것을 들어 올려야 한다면 그 밑에 지지대를 받칠 뿐이다. 그 지지대는 이 구조에 속하는 것이 아니다. 나는 이 구조가 비행기의 날개와 같은, 혹은 롱샹 성당의 지붕과 같은 것이라고 생각한다. 그것은 공학적이며 전혀 건축적이지 않다.

흥미로운 결과는 이 기계가 하나의 건축적인 경험을 선사한다는 것이다. 코르뷔지에의 스승이었던 오귀스트 페레는 건축은 천상의 덮개를 만드는 일이라고 했다. 이 구조물은 하늘에서 내려와 그늘이 없는 폐허에 그림자를 만들어준다. 폐허에는 그늘이 없다. 그 그림자는 태양의 열기를 막아준다. 인간은 그것을 올려다본다. 거대한 것은 그 앞에 선 인간으로 하여금 존재하고 있음을 느끼게 한다. 인간은 지지대 속의 엘리베이터를 타고 그 내부로 진입한다. 인간은 기둥도 창문도 없는 넓은 천막 위에 서 있다. 공기는 가볍고 바닥은 부드럽게 경사져 있다. 중력이 배제된 건축 역시 역사가 사라진 장소와 마찬가지로 어떤 림보의 상태로 지속되는지도 모른다. 그러나 그것이 건축인지 기계인지 결정할 수 있는 사람은 없다. 이것은 과거이자 현재이자 미래인 순간의 것이다. 그것은 발굴된 것일 수도 있고 미래의 기술일 수도 있다. 그것은 지어진 것이라기보다는 갑자기 우리 앞에 출현한 한 순간이다. "신비로운 것으로 남아 있는 것은 그것의 형태가 아닌 그것의 **형성**이다."[39]

나는 습관적으로 항상 비행선 옆에 '발굴된'이라고 썼다. 그것은 건축에 있어서 바로 그 지점에서 시작할 수 있는 하나의 역사가 언제나 필요하기 때문이다. 니체가 실존의 문제를 가지고 고대 그리스로 돌아간 것은 현재에 대한 관심 때문이다. 그는 결코 과거를 재인식하기 위하여 고대로 돌아간 것이 아니다. 오히려 그의 목적은 과거로부터 미래를 인식하는 바로

39 "형태를 취하려고 함에 있어서 최초의 선택을 하기 위해서는 삶 자체에 관계되는 얼마나 중대한 결정을 내려야 하는가!" 가스통 바슐라르, 「공간의 시학(*La poétique de l'espace*)」 동문선, 2003, p.214.

그 정신을 배우는 것이었다. 그는 고전학에 대해 이렇게 말했다. "우리가 고전학자에게 고대를 통해 자신의 시대를 좀 더 잘 이해하라는 과제를 부과한다면 그것은 끝없는 과제이다–이것이 고전학의 이율배반이다 : 사람들은 사실상 고대를 항상 오직 지금에서 이해했다–그런데 이제 **지금을 고대에서** 이해한다?" 구축의 사유로서의 건축은 이 고전학에서 시작한다. 가라타니 고진이 건축은 하나의 사건[40]이라고 했을 때 나는 그가 다른 모든 형식으로서의 표현과 구별되는 건축의 본질을 아주 정확하게 말해주었다고 생각했다. 헤이덕은 우리가 건축 **속으로 들어갈 수 있음**을 얘기한다.[41] 이러한 공간 경험, 공간을 향유할 수 있는 즐거움은 고흐가 오르가즘에 비유했던 시각적 즐거움을 초월하는 것이다. 그리고 그것은 우리 내면의 존재성을 깨우쳐주는 하나의 사건이 된다. 우리는 우

---

40 "실제 건축에서는, 이데아로서의 어떤 디자인을 실현하는 것이 건축이라는 생각보다 어울리지 않는 것도 없다. …어떤 건축가도 어떻게 지어질지를 미리 알 수는 없다. 어떠한 건축도 자신의 맥락에서 자유롭지 못하다. 건축은 그것이 제작자의 통제를 넘어서는 제작 또는 생성이라는 의미에서 하나의 탁월한 사건이다." 가라타니 고진, 「은유로서의 건축: 언어, 수, 화폐(*Architecture as Metaphor: Language, Number, Money*)」 한나래, 1998, p.51.

41 "You can be in a volumetric situation which is 'encompassing.' Architecture is the only art where you can have *that* experience, which is very curious. …You approach it, you move toward it, the object is upon you, there is a moment - and I'm talking not only about the physical but also the mental moment - when you cross a threshold and you're no longer outside the object. You are in it." John Hejduk, 「Mask of Medusa: Works, 1947-1983」 Rizzoli International Publications, 1989, p.90.

리가 존재하고 있다는 사실을 인식하는 즐거움에 사로잡힌다. 건축은 궁극적으로 인간과 집에 대한 것이다. 건축은 개인의 역사를 고전적으로 이해하고자 한다. 그것은 고고학이 아닌 고전학이다. 그것은 한 개인으로서의 인간의 인식을 발굴하는 것이다.

나는 사는 사람이 없는 집이란 과연 무엇인가 하는 문제에 골몰했다. 집은 인간에게 안정의 근거나 또는 그 환상을 주는 이미지들의 집적체다. 우리들은 끊임없이 집의 실재를 상상한다. 집은 수직적인 존재로 상상된다. 바슐라르는 집의 수직성의 양 극단에 위치하는 지하실과 지붕 밑 곳간의 현상학을 아주 세밀하게 분석했다. 위대한 집의 몽상가였던 앙리 보스코의 '골동품상'에 나오는 집을 그는 '그것이 서 있는 바위에서 탑의 푸른빛 하늘까지 커 올라가는 돌의 나무'라고 불렀다.[42] 지하실은 집의 어두운 실체이자 집이 시작하는 장소이다. 열정적인 거주자는 그것을 계속 파 내려간다. 보스코의 가장 내밀한 몽상 속에 존재하는 깊고 미로 같은 지하실들의 집은 자연의 집, 지하 세계의 자연 속에 박혀 있는 집이다. 그

42 "집과 지하실과 깊은 땅은 깊이에 의해서 하나의 전체를 이루는 것이다. 집은 자연의 한 존재가 되어, 땅을 뚫고 나오는 물과 산에 연대적인 것이 된다. 커다란 돌의 나무인 그 집은 만약 그것의 기초에 지하수를 가지고 있지 않다면, 잘 자라지 못할 것이다." 가스통 바슐라르, 「공간의 시학(*La poétique de l'espace*)」 동문선, 2003, p.102-104.

집은 인간의 정신, 기억과 상상력 속에서 커간다. 우리들의 집은 우리가 태어나기 전에는 전혀 익명의 것이었다. "시초에는 이름을 알아서 부를 수도 없었던, 처음으로 보는 장소에서 이 세계에 태어날 수 있다는 것, 그리고 그 이름 없고 모르던 장소에서 그 이름을 알게 되기까지 자라나고 돌아다녀 그 이름을 사랑으로써 부를 수 있으며－그 이름을 **집**이라고 하고 거기에 우리들은 뿌리를 박는데－그곳을 스스로의 사랑의 보금자리로 할 수 있다는 것, 그리하여 우리들이 그곳에 대해 말할 때마다 연인들이 그리하듯 향수에 찬 노래로, 바람에 넘치는 시로 말하게 된다는 것!"[43] 우리들이 태어난 집이 오히려 우리들이 태어난 다음에 우리들 내부에서 태어난다. 그것은 지하실에서부터 비밀스러운 문과 층계를 통해 지붕까지 분화되면서 지어진다. 그러나 비행선의 반중력은 수평적이다. 지하실이 없는 집은 대지와 접촉하지 않는다. 그것은 익명의 집이며 아직 태어나지 않은 집이다. 그것은 아마도 단지 부유하는 지붕, 덮개 밑 곳간의 일부분일 것이다. 그 구석은 자연의 장소로서, 다시 말해 과거의 그 어떤 집들에도 속하지 않은 곳으로서 아직 무한의 표시 속에 남아 있다.

---

43 윌리엄 고이언, 「숨결의 집(*The House of Breath*)」 위의 책에서 재인용, p.148-149. "그것들은 정녕 있었던 것일까? 어떤 비현실성이 추억들의 현실성 속에 배어드는데, 그래 그 기억들은 우리들의 개인적 역사와 무한한 선사의 경계에, …위치하는 것이다. 왜냐하면 우리들이 태어나기 전에는 …그 집은 전혀 익명의 것이었기 때문이다."

하이데거에게 사유는 원천으로서의 장소였다. 그는 장소로의 귀환을 **논구**Erörterung라고 불렀는데, '논구한다'는 것은 사유해야 할 대상의 '**장소**Ort를 **열어**Er- 밝힌다'라는 뜻이다. "언어를 논구한다는 것은 언어를 데려오는 것이 아니라 우리를 언어의 본질장소 속으로 데려오는 것을 뜻한다."[44] 논구는 **설명**Erläuterung과는 근본적으로 구별된다. 설명이 언어로 표현된 것의 의미를 밝혀내는 작업이라면, 논구는 그런 의미를 가능하게 하지만 언어로는 표현될 수 없는 그 장소로 설명의 도움을 받아 귀환하는 작업이다. 단순한 미학적 태도는 감추어진 시의 세계를 표현할 수 없다. 우리에게는 어떤 시적 작품을 가능하게 하면서도 감추어져 있는 장소로서의 시를 지적하고 주목함으로써 그 장소의 **장소성**을 밝혀주는 새로운 태도가 필요하다. 존재는 자신을 드러낼 특정한 장소를 발견하고 그곳에서 실현되어 특정한 형태를 갖는 존재자가 된다. 이 존재자(거기에-있는)는 항상 **거기**, 즉 특정한 장소에 특정한 방식으로 존재하는 현실적인 존재이다. 나는 이것이 바로 고이언이 묘사했던 숨결의 집이라고 생각한다. 그러나 지금 이 장소는 비결정의 상태에 놓여 있다. 존재자에게는 아직 파토스가 주어지지 않았다.

---

44 마르틴 하이데거, 「언어로의 도상에서(*Unterwegs zur Sprache*)」 나남, 2012, p.18.

1611년 한백겸은 양주의 물이촌(勿移村)으로 퇴거하여 1615년 타계했는데 그가 머물렀던 물이촌이 수생리(水生里), 지금의 수색이다. 당시 한백겸은 수색에서 일생을 마치기로 결정하고 '수생리'로 불리던 당시 지명을 방언음을 따서 '물이촌'으로 개명했다. '물이촌'은 '옮기지 않고 살 마을'이라는 뜻으로 이후 자신이 거처하는 방 역시 '오래 머무르다'라는 뜻의 '구(久)'를 써 '구암(久菴)'이라고 짓고 자호로 삼았다. 서울에서 멀지 않은 수색은 세상 풍파에 시달린 노학자의 연구실을 마련하기에 좋은 마을이었다. 조선 후기 한성의 영역에서 수색은 서쪽 끝 지역에 해당한다. '수생'이나 '수색'이라는 이름은 모두 물과 관련된 뜻의 지명을 한자로 기록한 것이다. 수색은 한강변의 충적평야에 자리잡은 배후습지 지역으로 땅이 넓고 기름져서 쌀농사에 적합했지만 홍수가 많이 나기로 유명했다. 하류의 충적지와 여기에 자유곡류하는 지천들을 끼고 있었으므로 물난리가 많을 수밖에 없었다. 여름 장마에 곡식들이 며칠간 물에 잠겨 있곤 했기 때문에 다른 곳에서 곡식이 타 죽는다는 소문이 나게 되어야 비로소 풍년이 드는 곳이라는 말도 있었다. 1945년 이후 수색에 가장 큰 변화를 가져온 것은 서울시 도시개발사업이었다. 천막동은 1961년경부터 형성된 것으로 보인다. 1950년대 이승만 정권은 무허가건축물 거주자의 무대책 철거 정책을 고수했다. 그러나 1961년 5·16 군사정변으로 집권한 박정희 정권은 기존 정권과는 다른 철거민 정책을 갖고 있었는데 도심의 무허가건축물 거주자를 도시 외곽 지역으로 집단 이주시키는 것이었다. 계엄 당국은 수색에 24인용 천막 40개를 설치하여 200세대를 수용하게 했고 계속 군의 수용대책을 통해 철거민들을 이주시켰다. 곧 천막동에는 4000여 명이 넘는 철거민들이 거주하게 되었다. 천막동에는 전기, 수도 등이 공급되지 않았고 정부의 건축자재 지원도 부실했다. 천막동민은 스스로 산에서 흙벽돌을 만들어 이것으로 천막 내부에 집을 지어 생활했다. 천막 안에서 집이 나왔다. 1980년대 들어서면서 그 크기는 줄어들었지만 천막동은 흙벽돌집과 판잣집 등으로 건축자재를 보수해 형태를 유지해왔다. 1998년 은평터널로가 개통되고 2001년 8월 대림한숲타운 아파트가 입주를 시작하면서 천막동은 아파트촌으로 변모했다. 2006년 제3차 뉴타운 사업지로 선정된 수색은 현재 재개발 사업이 진행되고 있다.[45]

45 「물빛고운동네 수색 · 증산: 2011 뉴타운지역 조사 기록 보고서」 참조, 한국기록문화연구소, 2011.

나는 비행선의 천막 안에서 집이 나온다고 생각했다. 그러나 그곳은 더 이상 옮기지 않고 살 마을이 아니다. 나는 물이 차오르는 땅을 어떤 건축적 무주지로 다루고자 했지만 결코 그것이 코라일 것이라고는 생각하지 않았다. 어쨌든 다시 위치할 수 있기 위해서는 무엇인가가 하늘로부터 내려와야 한다고 느꼈다. 그것은 한 부분이 아주 살짝 대지에 닿을 때까지 부드럽게 하강한다. 비행선은 비어-있음과 공기의 기계다. 그것은 드러나는 폐허로서의 건축이자 기계다. 그것이 천천히 내려와 대지와 접촉하면 건축은 시간과 정신의 발굴이 된다. 그것은 시타델의 미나레트에 닿았었고 엠파이어 스테이트 빌딩의 첨점을 거쳐왔다. 그것은 전 세계를 일주했고 이제 모든 지식과 기억의 축적으로서 내려온다. 그것은 거대한 침묵이자 향유 고래의 넓은 이마처럼 내려온다…

내 그림을 본 나의 동료 JH는 나에게 흡사 이곳이 천국의 한 부분인 것 같은 느낌이 든다고 말해주었다. 그것은 단순히 그녀가 받은 아주 개인적인 인상이었지만 나는 문득 호크니가 게이퍼드에게 했던 다음과 같은 말을 떠올렸다. "이곳이 바닷가 옆이라는 점이 아주 마음에 듭니다. 문을 열고 나가면 넓고 멋진 공간이 펼쳐집니다. 밖으로 나가 해변을 따라 산책하면 기분이 아주 좋아집니다. 브리들링턴의 바닷가 옆에서 제 누나가 한 번은 이렇게 얘기했습니다. '가끔 나는 공간이 신이라고 생각해.' 대단히 멋진, 시적인 생각입니다."[46]

46 마틴 게이퍼드, 「다시, 그림이다: 데이비드 호크니와의 대화(*A Bigger Message: Conversations with David Hockney*)」 디자인하우스, 2012, p.15.

천막학교로 운영된 수색공민학교 1961
도동 판잣집 철거로 수색동으로 옮겨간 주민들의 정착 상황을 시찰 중인 서울시 직원들 1961
서울사진아카이브/© Seoul Metropolitan Government 2017

idea sketch, pen
interior perspective, digital drawing

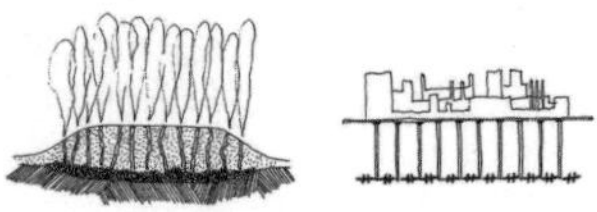

study model, plywood

Dirigible, photomontage
original photo, *View from rooftop of Citadel in Cairo* 1862, Francis Bedford

site transverse section, digital drawing and photomontage

top view with elevation south-west, digital drawing

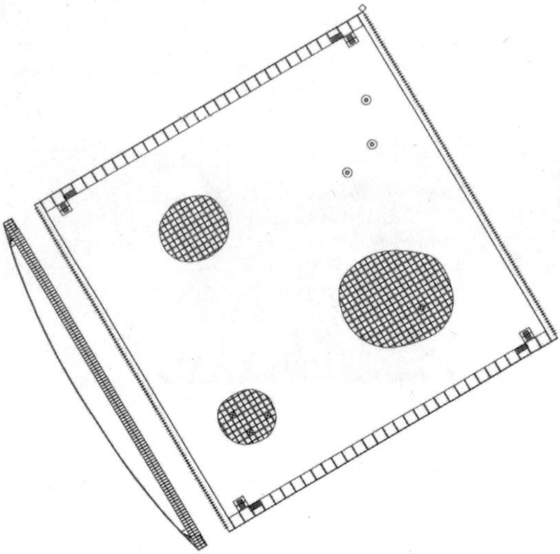

Little Homes protruding from the Tent, interior oblique projection, digital drawing

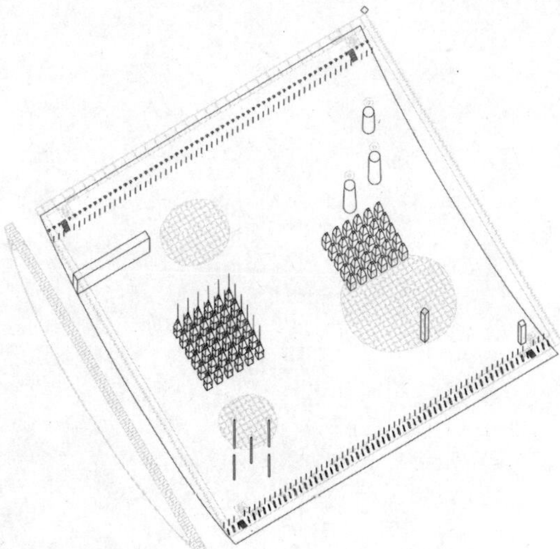

aerial view, digital drawing and aerial photo of 1973 on orthophoto, collage

top view with a man jogging, digital drawing

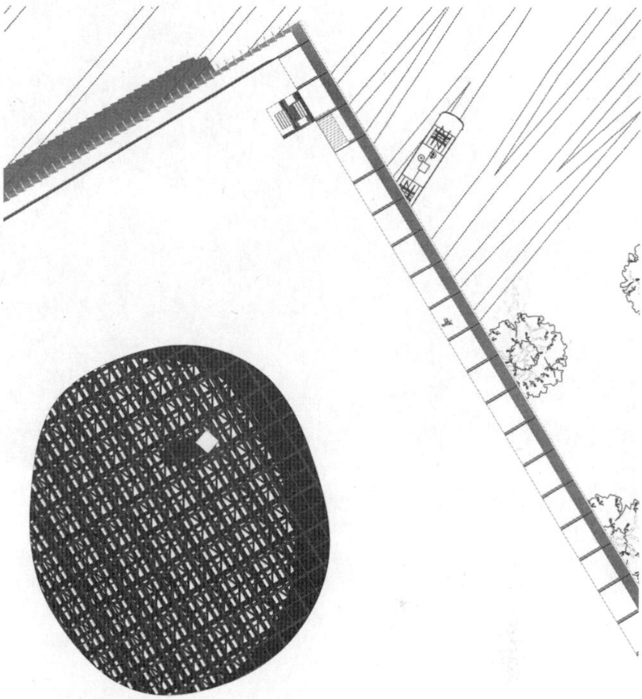

interior perspective, digital drawing

La Nature est un temple où de vivants piliers
Laissent parfois sortir de confuses paroles;
L'homme y passe à travers des forêts de symboles
Qui l'observent avec des regards familiers.

Comme de longs échos qui de loin se confondent
Dans une ténébreuse et profonde unité,
Vaste comme la nuit et comme la clarté,
Les parfums, les couleurs et les sons se répondent.

Charles Baudelaire

structural detail section, digital drawing and watercolour

structural detail oblique projection, digital drawing and watercolour

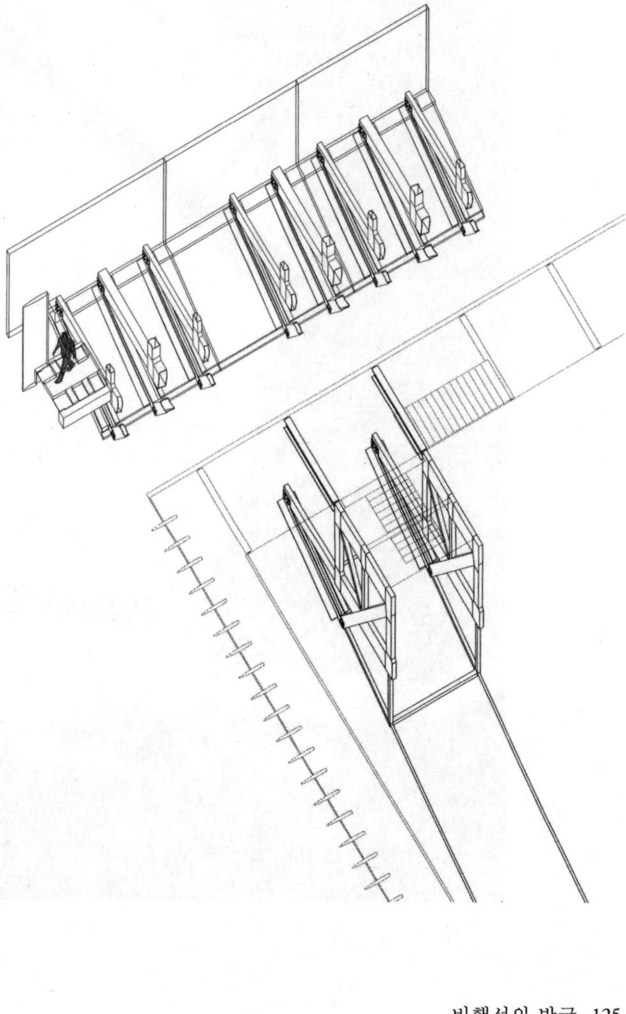

bottom view perspective, digital drawing

bottom view oblique projection, digital drawing with the birds from Porto, collage

Excavation of a Dirigible

We reck not of the fact that a Seiende is da-sein(there-exists). It is simply factual. However this truth, that beings are gathered in existence was the greatest wonder for the Greeks. They did not want this experience of wonder to diminish if the exposition were prepared to be comprehensible to all. Against the sophists, who brought intellect down to the market, they strove to protect what gave them the wonder of life. In their endeavor they first constructed reason, sophon, aimed at the arche, that which determined the existence of a being. As a people *with love for sophon*(philein to sophon), they awoke others' nostalgia and astonishment found in its regard. Before his death, Socrates said to the 10-year-old geometrician Theaítētos, "truly the possession of those who love to reason, this is *pathos*, in other words, wonder. Because only from this can reason begin and be assigned order." Sophon is both the will to construct and simultaneously is the order which enables the construction. Only in establishing and pursuing sophon could the Greeks advance towards the wonder of existence and protect it. Heidegger in his question "what is philosophy?" traced the construction of reason. The palinodia to this by Kim Yung-Chul was an attempt to establish the basis of architecture within *the reason*–the sophon–*of construction.* Here architecture is the materialization of reason which responds to the question "as far as it is existent, what is a being?" Eventually "architecture serves as the prominent region within which a being is established; it is a method to embrace existence and to transfer it into actuality." It returns its wonder to existence.

Humans have the ability to do something quite opposite. How it is possible was to me an essential question. When such an event actually takes place, it seems unrealistic and bizarre because the signification of things–their demarcations–are demolished and disappear. That is not a state of nothingness however, but rather of architectural and existential limbo. I came to think of this being realized as the uncanny of the postmodern that I discovered in Korea. The majority of the redevelopment plans of Seoul are based on complete demolition. The leveled and dreary site recalls scenes of a city swept away by a tsunami. The fear and dread I found was not tame, but unnegotiable and absolute. Old houses were torn down by human force, the tents that had been the last vestige of the residence ripped apart by excavators. I could not imagine what would advent from such scenes. I felt that no one could dare say a new city would be built over it.

Two causes for ruin are natural disaster and war. On the 11th of

September 2001, the emotion I felt upon hearing the news was not fear but pure shock; what I had believed to be an impregnable region of existence collapsed in an instant. 110 stories of something grand disappeared into a great storm of dust. This is not a metaphor. As Isozaki said, without an existential threat there can be no creation. War in that sense is the dark side of existence. It is the uncanny happening in every demolition site which invigorates the question "*where is the place of our living?*" This photo had a silent impact on me. On the wall of a warehouse just prior to its demolition, the workers sprayed this very question, one that we men have been asking since the dawn of humanity. That was where I too wanted to start. There was nothing left for me to work with. People had been evicted and the houses–their homes –that once stood had utterly vanished. In such situation it seemed ironic to contemplate something new, a creation. Hejduk drew a house for the homeless. I felt that this project will become a home with no resident.

A demolished city resembles the ruins in the etchings of Piranesi. The columns and walls broken and no empty space. Everything drifts there. Everything that is in the air has no contact with the ground and they float and drift like clouds of dust. I felt this was the image of the spirit of the postmodern. Vidler interpreted that the uncanny metaphorically imply the situation of the present where genuine living is impossible. A debate on the conclusion of history or post-history was inevitable. The uncanny could have been the last struggle for the history reaching its end. *Post-modern* also sheds light on the things that are lost. It is the things that constitute our epoch. I believe the void of *post-history* is the legacy from the future that we architects have inherited. What is meaningful in ruins is this *void*. Here we lose all the signifiers and what we understand from this unnatural landscape–Nature at its darkest–surpasses speech; it is non-sound and comes from silence. It is cast in intrinsic symbols. And over them the old vagabond of Baudelaire "with his enchanted eye discovers a Capua."

To Koolhaas Coney Island was the incubator for Manhattan. If the accumulation of the disasters unhappened were the generation of a city, then the limbo of the city demolished would be someplace where those disasters come forth. Mallarmé said a happening is a place. The disasters of Koolhaas came from the most brutal minds of men. That is the foundation of a city that is never displayed. Contrarily, a place of demolition becomes a place of ultimate possibility. Within ruins is every disaster displayed. They occur without institution or intention.

The vacant land–that which is neither existence nor generation–has already been discovered by Plato. In Tímaios, the concept of chora which 'gives space' first appeared, then was taken by Heidegger as the existential *Differenz* between existence and being. Here chora would be the place where a being carves out from existence. Derrida inherited this concept of difference and called it *différance*; while the Differenz was limited to the fixedness of things; that is to say, the limitation of space, différance was a temporal concept devised in an attempt to understand the motion from which the existential difference occurred. Derrida understood chora through différance as the place where significations are infinitely produced.

Architects once tried to build chora. Tschumi suggested that Derrida work with Eisenman on his project for la Villette and Derrida sent Eisenman a piece of writing he was working on, which was about chora. Eisenman liked the idea and the two agreed to realize the concept in their new garden project. However their work was unsuccessful. Two years later the collaboration ended without result with only their intellectual exchanges published in the book entitled 'Chora L Works.' It would have been impossible to build chora as it is literally the mid-place, a threshold which does not belong to idea nor sense. Chora is within the event of a building under construction; not the result of the process, only architectecture as *genesis*. If chora is given material form it would become a product which has already been passed through chora. Plato happened to have described the concept of chora with an analogy of a sieve. The modernism of chora was precisely this *extract*(trahere) ~*from*(abs) process through grid; *abstraction*. The failure of the la Villette project reveals the futility of the concept of chora. The enigmatic idea of chora is conversely the very foundation which assigns order to every generation and presentation. Inside chora is the ever-present prospect of demolishing everything precedent and starting anew. This aesthetically and politically radical nature of chora provides an essential allegory for ruin. From the architectural limbo–the state of ruin–stems the possibility and the will of reconstruction. It is left in a state of primitive indetermination. From that place something is always revealed. That state is never intended nor made; *it is only left that way*. A precise example of this is a city after a war. Isozaki drew on the ruins of Hiroshima his own ruins of megastructures 24 years after the atomic bomb had exploded. He said "only through imaginative reconstruction can the fragments of the broken be restored." This is the reason of construction.

The structures of Isozaki did not arise from the land on which they stand. They seem to have fallen from the sky rather than been built from the ground; and they are broken. He probably understood the void of the land of Hiroshima; I had the strong belief that also in this project, something must arrive to the place and not rise from it. That place of contact is like the surface of water. We cannot be certain whether the adumbration on the surface is ascending from below the water or descending from the air.

At that time I found a photo of a dirigible docking at the mooring post of the Empire State Building. This photo published in the New York Times was probably one of the first photos to be digitally altered. The image was indeed fake but the effect was dramatic. The surreal form of the dirigible and the highest skyscraper at the time came nose to nose, truly revealing the height of the building. The chiasm of verticality and horizontality embodied in this doctored photo was a kind of mathematical beauty. It aroused a strange feeling of two completely opposite worlds crossing. I was fascinated by the image of the dirigible as drift. It was not only as the mechanical aesthetic that once moved Corbusier greatly. The air which filled its body and the gracious curve of the inflated fabric summoned nostalgia; a nostalgia of a time I had never lived, a time and a world which I do not know. I montaged the dirigible on a photo of Cairo by Francis Bedford. The dirigible, which once had docked at the cusp of technology now touched the minarets of a long lost civilization. In my mind the dirigible was slowly becoming a new accumulation, a symbol of history and technology combined.

The anti-gravity of a dirigible is in fact anti-architecture. We have arrived at the era where we must invent the architecture of space stations, but still every architectural system is grounded by the problem of gravity and is therefore the heart of architecture. Gravity gives this world where we live, stability. It is the force of restraint, offering architecture both foundation and tension. However a dirigible frees itself from this force. It has its own force of generation, an artificial gravity of a floating machine. I felt that this liberation was the metaphor for everything that had been demolished. Structurally this project is an annular combination of tension and compression. The ring of structure is genuinely enclosed and complete. Its own gravity derives from within. It can depart from the ground which is the earth, Nature but also the institution of men. If we should raise it, we only need supports. These supports do not belong to the structure. I consider the system of this project like that of an airplane wing, or the roof of Ronchamp chapel. It is mechanical and not at all architectural.

It is interesting that this machine delivers one very architectural experience. Auguste Perret, a teacher of Corbusier, said that architecture is the making of heavenly couverture. This structure comes down from the sky and casts a shadow on the shadeless ground. *Ruin is shadeless.* The shadow shelters the land from the heat of the sun. Humans look up at it. The grandiosity makes humans in front of it feel existence; what is and has always been factual becomes sensational. Humans ride the elevator inside the supports and enter it. Humans are standing on the vast fabric, thinly cast in the whiteness of concrete, which has no columns or windows. The air is light and the floor is subtly aslope. Architecture without gravity may continue in a state of limbo like a place without history. However there is no one who can decide whether this is a machine or architecture. This derives from a moment which belongs to the past, present and future simultaneously. This can be something excavated as well as that which comes from the technology of the future. It is something that has occurred suddenly rather than something that has been built over time.

"What is left as mystery is not its form but its *formation*."

In my montaged photo, I repeatedly wrote on the side of the dirigible, 'excavated.' That is because in architecture one always needs a specific piece of history from which one can proceed. When Nietzsche returned to ancient Greece with the question of existence, it was because of the great and likely sole interest he had in the present. He never wanted to parse the old from the new. What he wanted was to perceive and understand the new from the old. He wanted to learn this perspective, this great sense of comprehension that the Greeks had. Nietzsche said in regard to classical studies that "if we assign to a classical scholar the task of understanding his epoch better through antiquity, it is endless–this is the antinomy of the classical studies : people have always understood antiquity from the present–but now to understand *the present from antiquity?*" Architecture as the reason of construction starts from this understanding. When Karatani Kojin said that architecture is an event, I felt that he very precisely explained the essence of architecture, which differs from all the other means of expression. Hejduk talks about our *entering into* buildings. This kind of spatial experience, the enjoyment of the feeling of space surpasses by far the visual pleasure which van Gogh compared to orgasm. And it is an event which awakens within us the existential recognition of the ego and the world. In there we become newly aware of the fact that we exist. It is a truly wondrous fact. Architecture is fundamentally about man and his home. Architecture tries to classically understand the history of individuals. It belongs to the classical studies and not archaeology. It is the excavation of the perspective of men as individuals.

I contemplated what a home without a resident might be. Possibly it is simply a house which can never be called a home. Home is an accumulation of images which give us both stability and the fantasy of stability. We continually imagine the actuality of home. It is already built in our minds and its direction is always vertical. Bachelard analyzed in detail the phenomenology of basement and attic which are located at either end of this verticality of home. He called it 'the tree of stone which on its rock grows upwards to the blue sky of the tower.' A basement is where a home begins. A passionate resident keeps digging deeper. The home with the deepest basements and labyrinths which grew in the innermost dream of Bosco was the home of Nature, the home firmly anchored in Nature. It grows within the mind, the imaginations and the memories of men. Our home, before we were born, was anonymous. "That people could come into the world in a place they could not at first even name and had never known before; and that out of a nameless and unknown place they could grow and move around in it until its name they knew and called with love, and call it *home*, and put roots there and love others there; so that whenever they left this place they would sing homesick songs about it and write poems of yearning for it, like a lover..." The home in which we were born is reborn within us.

It is built from the basement through secretive doors and stairs until it reaches the roof like a tree. However the anti-gravity of the dirigible is horizontal. A home without a basement does not touch the ground. It is anonymous and unbuilt. It is yet only a part of an attic under a roof, a couverture, drifting. That corner is still one place of Nature; it belongs to no homes of the past and stays within the indication of infinity.

To Heidegger reason was a place as origin. He called the return to the place *Erörterung*, meaning *to open*(Er-) and reveal *the place* (Ort). "To return to the place of language is not to bring the language to the place, but to bring forth ourselves into the place of essence of language." Erörterung is different from *Erläuterung*; where the latter understands the signification of language while the former locates and finally returns to the place, which enables the signification of language yet is hidden from expression. A purely aesthetic approach cannot express the hidden world of poetry. We must also adopt an attitude which helps us to find the place which makes poetry possible yet is hidden in order to understand the attribute of place or the *placeness*. Existence finds the place in which it reveals itself and it becomes an entity with a specific form. This now Seiende is always there(da-sein), in the place of singularity. The place is always contained within. I believe this is exactly the House of Breath which Goyen described. However here the place is still undetermined. Pathos is to a being not yet given.

In 1611, Han Baek-Kyeom was exiled to Mulichon in Yangju and there died in 1615. The place where he stayed was Susaengri, the present Susaek. Han Baek-Kyeom decided that he would stay there for the rest of his life and changed the name 'Susaengri' to 'Mulichon' which was the diaphone meaning of 'village where one lives without moving.' Later he also named the room where he lived 'Guam' with the letter 'Gu' which meant 'to stay long' and took this also as his pen name. Susaek, which is not far from Seoul, was an ideal place for an elderly scholar like Han Baek-Kyeom to have his final room of contemplation. In the district of Hanseong in the late Joseon dynasty, Susaek was at the west end of the region. The name 'Susaeng' or 'Susaek' are all related to water. A back marsh located in the alluvial plain at the riverside of Han–the area of Susaek was vast and the soil was fertile and therefore the region was famous for the farming of rice–was also notorious for frequent floods. The alluvium around the lower reaches of the river Han and the streams which meandered alongside the land were the causes for these floods. In the rainy season of mid-summer the crops would be submerged for days such that people said that only when the crops dry up in the other regions might people in Susaek harvest good crops. What brought the biggest change in Susaek after 1945 was the city development plan of Seoul. Cheonmakdong('village of tents' in Korean) began to form around 1961. Earlier in the 1950s, the government of Lee Seung-Man insisted on continuing its policy of demolishing buildings lacking permits without providing any alternatives for the evicted residents. After the May 16 coup, Park Chung-Hee seized power and provided a plan for the evicted residents, which was to relocate them from the city centre to the outskirt of the city in large groups. The authorities built 40 military tents in Susaek each with a capacity of 24 people and moved 200 families there; the mass relocation was overseen by the administration of the military. Soon there were over 4000 evicted residents living in Cheonmakdong. There was no water supply or electricity and the government did not provide proper building materials. The people made their own bricks out of the soil from the mountain behind and built inside the tents small rooms. From within a 'Cheonmak' protruded small homes. In the 1980s, the scale evidently decreased although Cheonmakdong maintained its society in the structures reinforced with bricks and boards. Then in 1998, the Eunpyeong tunnel way was completed and in August 2001 people began to move to new Daelimhansuptown apartments, and thus Cheonmakdong gradually saw change. In 2006, Susaek was included in the 3rd Newtown plan of the government and is currently under redevelopment.

To me the fabric of the dirigible was the tents, from which the homes had protruded. But it was no more *the village where one lives without moving.* I tried to understand the flooded land as the architectural terra nullius, but I never believed that it was chora. I thought it was inevitable that something comes down from the sky in order to locate itself again. It is existence. It comes gracefully down until a part of it softly touches the ground. A dirigible is a machine of *emptiness and air.* It is architecture as an unfolding ruin as well as a machine. When it slowly comes down to the land and touches the ground, architecture becomes the excavation of time and spirit. It has once touched the minarets of the citadel and the tip of the Empire State Building. It has been around the entirety of the world and comes down now as the culmination of knowledge and memory. It comes down as great silence, a prairie of the Sperm Whale's brow...

A friend of mine, JH, told me after seeing the drawings I had made that this place resembled an image of Paradise in her mind. It was only her personal impression but I recalled what Hockney had told Gayford one afternoon; "I very much like the fact that here is just next to the ocean. When I open the door and go outside the great and vast space unfolds. When I take a walk on the beach I am happy. On the seaside of Bridlington my sister once told me, 'I sometimes think that space is God.' A wonderful and poetic thought."

structural section, digital drawing

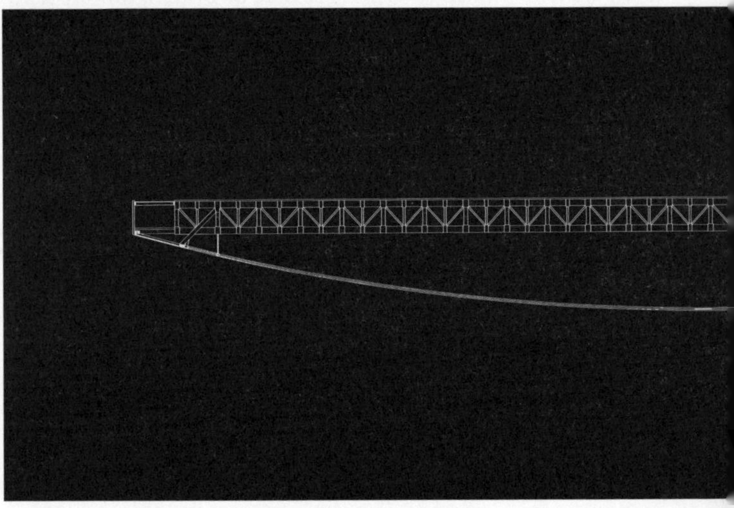

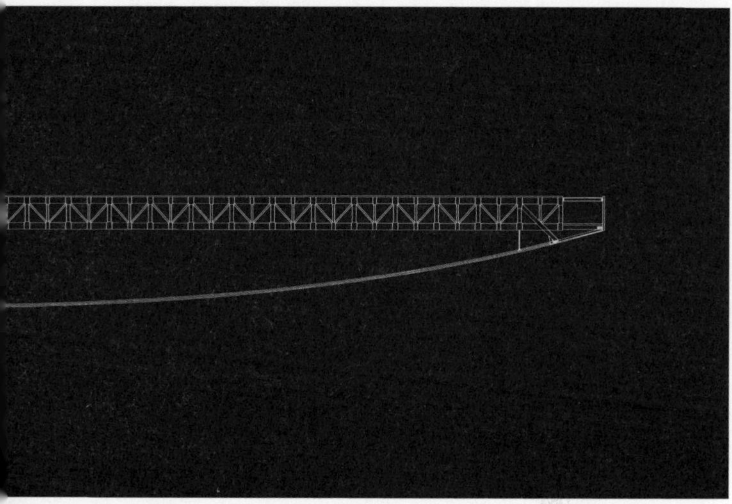

바람이 인다! … 살려고 애써야 한다!
…날아가거라, 온통 눈부신 책장들이여!

「해변의 묘지」

한양대학교 건축학부 강연[47]

표현의 기초

오늘 나는 여러분과 표현에 대한 다양한 이야기를 나눠보려고 합니다. 나는 제목을 **표현의 기초**라고 썼습니다. 여러분은 이 수업에서 처음 건축적으로 무엇인가를 표현하는 다양한 방법들을 배웁니다. 말하자면 선을 어떻게 긋는지, 혹은 유리컵을 어떻게 작도하는지 등에 대한 일차적인 문제들을 다루죠. 내가 9년 전 이 수업을 들었을 때만 해도 여러분과는 다르게 우리는 우왕좌왕하고 무엇을 어떻게 그려야 할지 잘 알지 못했습니다. 내가 표현의 기초라고 쓴 것은, 오늘 나는 그 훨씬 이전의 문제에 대해 이야기해보려 하기 때문입니다. 말하자면 표현이라는 것은 대체 무엇인가, 우리가 무엇인

47 2016년과 2017년 총 4차례 있었던 강연은 같은 주제에 대한 것이었지만 새롭게 보충되거나 삭제된 부분에 따라 조금씩 차이가 있었다. 다음은 2017년 5월 12일 네 번째 강연 내용을 정리한 것이다.

가를 표현한다고 할 때 과연 우리는 무엇을 하고 있는가 하는 문제들이죠.

여러분이 사과를 그린다고 합시다. 세잔은 사과로 파리를 정복하겠다고 선언했죠. 그는 사과를 그리는 데 하도 오랫동안 사과를 관찰하고 고심하는 바람에 사과가 썩어버렸습니다. 그는 전통적인 정물화를 그리고 싶지 않았습니다. 그래서 그는 사과를 관찰했죠. 아마도 사과가 다르게 보일 때까지 관찰했다고 말할 수 있지 않을까요? 아무리 오래 들여다본다고 탁자 위의 사과가 변하지는 않습니다. 물론 썩긴 했지만요. 세잔은 사과를 꿰뚫어 보려고 했습니다. 사과의 모양과 색을 재현하는 것은 전혀 어려운 문제가 아니었을 겁니다. 그는 그 속을 보고 싶었던 것이죠. 말하자면, **무엇이 사과를 사과로 만드는가**? 그리고 바로 그것을 그리는 겁니다. 그것은 탁자 위의 사과를 그리는 것입니까? 아마도 그것은 더 이상 단순히 보이는 것을 그리는 게 아니죠. 세잔은 새로운 개념 혹은 단어를 만들어내듯이 사과에 대한 새로운 그림을 만들어낸 것이 아닙니까? 말하자면 그는 그렇게 함으로써 사과라는 사물 자체에 어떤 **기여**를 한 것이 아닐까요? 더 이상 그는 존재하는 무엇인가를 단순히 따라 그린 것이 아니죠. 그는 그림과 동시에 무엇인가를 **새로운 방식으로 존재하도록** 했습니다. 그런데 제가 방금 한 이 말, **새로운 방식**과 **존재**라는 것은 지금

이 문장에서 완전히 붙어 있는 것이 아닙니까? 말하자면 **동어반복**이죠. 이 지점에서 내가 여러분에게 표현에 관해 세 가지 질문을 하겠습니다. 여러분은 **무엇을** 표현합니까? 여러분은 **어떻게** 표현합니까? 그리고 마지막으로 **앞의 두 질문은 사실 동일한 것입니까**?

번개에 대한 예를 들어보겠습니다. 우리는 항상 **번개가 친다**라고 말합니다. 이 문장은 **번개**라는 주어와 **친다**라는 술어로 이루어져 있죠. 이것은 전적으로 우리 인간이 말해온 방식에 의한 것입니다. 이 문장에서 술어를 지우면 우리에겐 주어인 **번개**만 남습니다. 여러분은 치지 않는 번개를 상상할 수 있습니까? 말하자면 어떤 잠잠한 상태의 번개를? 그런 번개는 존재하지 않죠. 혹은 그 번개는 번개가 아닌 다른 존재일 겁니다. 반대로 주어를 지우면 우리에겐 **친다**라는 술어만 남습니다. 우린 이걸 아주 잘 상상할 수 있습니다. 하늘이 번쩍거리죠. 어떤 활동이 있습니다… 그렇다면 어쩌면 애초에 이 활동, 술어밖에는 없었던 것이 아닐까요? 하지만 주체가 없이 활동만이 존재하는 것이 이상하게 느껴져서 우리가 **번개**라는, 말하자면 **친다**라는 술어를 행위 하는 것처럼 보이는 가상의 주체를 지어낸 것은 아닐까요? 니체는 활동밖에는 없다고 말했죠. 모든 주체의 개념은 허구라고 말입니다. 나는 그것이 바로 표현의 본질이라고 생각합니다. 표현은 어떠한 대상에 대한 이차적인 것이 아닙니다. 다시 말해 표현은 활동이고 생성이죠. 우리는 선행하는 어떤 존재를 표현하는 것이 아닙니다. 말하자면 반대로 우리는 표현을 통해 존재에 이바지합니다. 사과를 보고 똑같이 그리는 것은 이미 대상이 존재하는 수동적인 그리기죠. 하지만 세잔이 사과를 그린 것은 하나의 독창적인 표현이었습니다. 세잔은 그만의 방식으로 사과를 **있도록** 했죠.

조금 더 들어가 보겠습니다. 진중권은 직관이 곧 표현이라는 말을 했습니다. 직관력이 표현력이죠. 이 말은 표현을 대상이 없는 활동으로 이해하는 나의 개념과 본질적으로 같은 것입니다. 감각과 다르게 직관은 표현이고 표현에 대한 욕구죠. 직관은 자신을 **객관화**합니다. 결국 표현은 언제나 **형식**이며 실체화의 과정이죠. 그렇다면 우리는 감각이 직관이 되는데 필요한 어떤 재료를 생각해 볼 수 있습니다. 안개처럼 만질 수 없는 것을 만질 수 있도록 만들어주는 질료를 상상해보면 어떨까요? 표현의 질료, 말하자면 물리적인 질료가 아닌 직관이 스스로 객관화하도록 하는 정신적인 어떤 질료. **형식의 질료**. 이 말은 동어반복처럼 느껴집니다. 착상은 있지만 그것을 마땅히 표현할 기술이 없어 고민하는 한 예술가를 생각해봅시다. 그건 감각일 뿐 직관이 아닙니다. 이 예술가의 머릿속에 있는 것은 객관화되지 않은 오감의 작용 그 이상은 아닙니다. 그에게는 아직 형식이 주어지지 않았죠. 결국 표현은 언제나 자체적인 활동입니다. 표현은 활동함과 동시에 허구의 대상을 흡수합니다. 로스코의 빨강은 모든 의미를 흡수해버리죠. 그 빨강은 그것의 연상과 그것으로의 연상 전부를 이미 포함하는 모든 것입니다. 질료에 대해 조금 더 고민해봅시다. 사르트르는 직관은 침묵한다고 했습니다. 그렇다면 표현은 침묵하는 것인가? 커뮤니케이션으로서의 표현은 역시나 질료를 필요로 합니다. 물리적인 질료가 첨가되면 비로소 직관은 말과 주장이 됩니다. 그러나 이건 외양의 변화일 뿐입니다. 진중권은 가능해진 표현은 이미 머릿속에서 **완성되어 있다**고 했죠. 이것이 **침묵**이죠. 재미있는 사실은 말년에 '수학의 기초'라는 대단히 흥미로운 강의를 했던 비트겐슈타인 역시 이와 비슷한 문제에 주목했다는 것입니다. 만일 여러분이 어떤 생각을 더 분명하게 만든다면 여러분은 그것을 **변화시키고** 있는 것입니까? 처음에는 여러분은 생각이 발전된 이후의 방법과 동일한 방법으로 자신의 생각을 설명할 수 없었을 것입니다. 물론 여러분은 그것에 대한 대략적인 생각을 가지고 있었죠. 그러나 여러분은 나중에 그와는 어떤 **다른 설명**을 거기에 주었습니다. 그렇다면 여러분은 여러분의 생각이 **변화했다**고 말할 것입니까, 아니면 그 변화된 생각 역시 항상 여러분의 머릿속 어딘가에 **있었다**고 말할 것입니까? 결국 우리가 질문해야 하는 것은 **무엇**이 표현되는가가 아니라 **어떻**

게 표현되는가입니다. 형식의 문제죠. 그리고 바로 그런 의미에서 표현은 언제나 실존적입니다.

나는 지금 여러분에게 표현은 사실 우리가 대상이라고 생각하는 존재 **그 자체**라고 말하고 있습니다. 그런 의미에서 결국 표현은 세계를 가능하게 하고 세계 자체라고까지도 말할 수 있을 겁니다. 말하자면 바로 지금 이 순간에도 모든 것은 끊임없이 표현되고자 하는 의지를 가지고 있지요. 나는 표현에 대한 욕구가 바로 **존재에 대한 욕구**라고 믿습니다. 표현은 언제나 이 세계에 대한 것이죠. 우리는 그것이 형이상학적인 것이든 실존적인 것이든 이 세계라고 우리가 인식하는 것 이외의 것은 알 수 없습니다. 결국 모든 표현이 가지는 제약은 이 세계가 가지고 있는 제약과 동일합니다. 또한 우리가 표현하는 모든 것 역시 이 세계 속에 한정되어 있습니다. 우리 표현의 산물은 다시 이 세계로 종속되지요.

예술의 역사는 바로 이 표현의 한계에 대한 투쟁이었습니다. 새로운 방식으로 표현하는 것은 결국 새로운 방식으로 보고 듣고 느끼는 것, 곧 새로운 방식으로 사는 것과 같은 의미죠. 르네상스 시대에 공간의 장중한 깊이를 표현할 수 있는 투시도법이 처음으로 개발되면서 건축적으로 이전에는 없던 대담한 공간들이 실제로 지어졌습니다. 이것은 르네상스의 위대한 인간들의 삶에 즉각적으로 그리고 직접적으로 영향을 끼쳤죠. 결국 표현이라는 것은 세계에 대한 하나의 태도입니다. 우리는 이러한 표현을 통해 세계를 근본적으로 파악하고 드러내죠. 사물을 어떻게 바라보고 이해하게 되는가, 이것이 바로 **표현의 기초**입니다. 니체는 이해란 동등해지는 것이라고 했고 스콜라리는 사물과 동등해지기 위해 왜곡시키는 시점을 그의 그림에서 과감하게 철폐했습니다. 무엇인가를 그리거나 쓰는 것, 관찰하고 짓는 일련의 행위 모두 우리가 어떠한 인간, 나아가 어떠한 존재가 되는가 하는 문제와 직결되는 것입니다. 표현과 삶이 일체화되는 것은 아마도 모든 인간의 가장 근원적인 꿈이 아닐까 생각합니다.

*

오늘 나는 여러분에게 미야자키 하야오 감독의 영화들을 보여주려고 합니다. 애니메이션은 우리 실제 삶의 모습과 가장 유사하면서도 정말 묘한 매력을 가지고 있는 표현의 한 종류죠. 애니메이션은 본래 움직임이라는 뜻을 가지고 있습니다. 애니메이터들은 움직임을 그립니다. '애니메이션'이라는 단어는 '아니마anima'에서 유래합니다. 옛날 사람들은 움직일 수 있는 것과 움직이지 못하는 것을 바로 이 아니마를 통해 구분했죠. 가령 누군가 기어가는 딱정벌레 옆으로 작은 돌멩이를

굴린다고 합시다. 그 둘은 본질적으로 무엇인가가 다릅니다. 말하자면 둘 모두 어떤 운동을 하지만 딱정벌레는 돌멩이가 가지지 못한 무엇인가를 가지고 있는 것처럼 보이죠. 옛날 사람들은 바로 이것을 아니마라고 불렀습니다. 돌멩이는 가지지 못했지만 딱정벌레는 가진 무엇, 그래서 아니마는 후에 영혼, 정신, 숨의 의미를 지니게 됩니다. 결국 애니메이션은 이 아니마의 표현입니다.

시간이 흐르지 않는다면 움직임이 있을 수 있습니까? 우리가 가만히 생각해보면 움직임은 언제나 시간 **속에** 있는 것처럼 보입니다. 그러나 이 말은 조금 이상하게 들리지 않습니까? 그렇다면 반대로 움직임이 없이 시간이 흐를 수 있을까요? **반대로** 말입니다. 우리는 **시간이 흐른다**라고 말하죠. 이때 우리는 마치 시간이 우리와는 독립적으로 어떤 신적인 혹은 초월적인 차원에서 영원히 흘러갈 것이라는 확고한 믿음을 가지고 있는 것처럼 보입니다. 그렇다면 움직임을 가지는, 소위 **살아 있는**, 시간의 흐름이라는 것을 인식할 수 있는 모든 우주가 존재하지 않는다고 가정해봅시다. 시간이 흐른다고 지금 제가 하듯 말하거나 느낄 수 있는 그 어떤 것도 없습니다. 그때도 시간은 흐르고 있습니까? … 여기서 저의 질문은, 그렇다면 혹시 시간은 곧 움직임 혹은 움직임은 곧 시간이라고 말할 수 있지 않을까 하는 것입니다. 결국 애니메이터에게 주어지는 표현의 한계는 곧 시간의 한계와 같습니다. 그들에게 필요한 것은 바로 시간에 대한 직관이죠.

['꿈과 광기의 왕국夢と狂気の王国' 2013, 00:51:25~00:52:38]

하야오 감독은 무슨 시간을 재고 있었나요? [청중이 **머릿속의 장면**이라고 대답한다.] 그렇죠, 머릿속의 장면이 흘러가는 시간을 잿습니다. 예를 들어서 내가 여기서부터 저기까지 걸어가겠습니다. [강단 위에서 걸어간다.] 내가 지금 3보 움직이는 데 대략 2초 정도 지난 것 같습니다. 이제 이걸 똑같이 그려야 합니다. 그렇다면 2초나 1초의 시간 단위로는 3보의 움직임을 표현하는 것은 불가능합니다. 너무 폭이 크죠. 그래서 애니메이터들은 기본적으로 1초를 다시 24분할합니다. 그들의 시간은 1/24초 단위로 흐르죠. 그들은 1초간의 변화를 24개의 장면으로 분할해서 그리고 다시 합칩니다. 그래서 하야오 감독은 애니메이터에게는 움직임을 1초의 1/24단위로 분해해 재편성하고 연속시켜가는 바로 이 **시간에 대한 능력**이 필수적이라고 말했습니다. 나누는 것은 누구나 할 수 있습니다. 그러나 그것을 다시 이어 붙이는 것은 전혀 쉬운 일이 아니죠. 여러분에게 달리기를 하나 보여드리겠습니다. 이 꼬마 금붕어가 얼마나 열심히 달리는지를 한 번 보세요.

['벼랑 위의 포뇨崖の上のポニョ' 2008, 00:45:03~00:47:09]

포뇨는 소녀가 된 금붕어죠. 모르긴 몰라도 아마 생전 처음으로 뛰는 거였을 겁니다, 다리를 가지고. 정말 열심히 뛰지 않나요? 소스케가 너무 좋아서 쫓아가야만 하는 겁니다. 달리기는 무엇입니까? 우리는 보통 이렇게 걷습니다. 양 발은 순차적으로 땅에 닿죠. 달리기는 걷기와는 다르게 두 발이 동시에 공중에 떠 있는 순간이 존재합니다. 그게 달리기죠. 우리가 24콤마로 1초를 나눈다고 생각했을 때 가장 일반적인 달리기는 보통 1초에 4보를 움직입니다. 그러니깐 똑, 딱, 똑, 딱, 똑, 딱 [리듬에 맞춰 분필로 두 번씩 두드린다.] 이렇게 그린다는 거죠. 그렇다면 1보를 몇 콤마로 그립니까? 6콤마로 그리죠. [칠판에 6개의 사각형을 그린다.] 이렇게 포뇨가 1보를 뜁니다. 여기에 보통 달리기는 2작화로 그립니다. 하야오 감독은 이 구성이 일반적인 달리기의 리듬을 가장 잘 표현한다고 했죠. 2작화라는 것은 그림이 이렇게 배치된다는 뜻입니다. [각 사각형에 순서대로 1, 1, 2, 2, 3, 3의 번호를 매긴다.] 그렇다면 그림은 총 몇 개를 그립니까? 3개 그리죠. 6콤마 2작화. 결국 달리기의 기본형에서는 1보를 3포즈로 나눠서 그려야 한다는 얘기가 됩니다. 여기서 재미있는 사실은 이 3포즈 중에는 두 발이 공중에 떠 있는 그림이 없습니다. 왜 그럴까요? 만약에, 아마도 그 그림을 그린다면 2번에 그려야 하겠죠, 여기 두 발이 떠 있는 그림을 배치하면 중력이 없는 것처럼 느껴집니다. 붕 떠 보인다는 거죠. 정말로 달리고 있다는 느낌, 그 무게감이 느껴지지 않는다는 겁니다. 그래서 이 그림을 그리지 않아요. 이게 달리기의 기본형이죠. 하지만 문제는 이렇게 간단하지 않습니다. 예를 들어 중장비를 메고 뛰어가는 군인, 숨이 턱까지 차오를 만큼 전속력으로 뛰어가는 소녀, 헐레벌떡 뛰어가는 노인… 이 모든 달리기는 각각 다른 리듬을 가지고 있습니다. 결국 매번 콤마와 작화 수가 달라질 수밖에 없죠. 이건 너무나도 당연한 겁니다. 게다가 우리는 뛸 때 절대로 정속도로 매 1/24초마다 일정 거리를 이동하지 않습니다. 가속도가 붙었다가 떨어졌다가 하죠. 결국 똑같이 분할해서 다시 이어 붙이는 것은 아무런 의미가 없습니다. 그런 식으로는 표현이 가능하지 않죠. **시간에 대한 능력.** 잘은 모르지만 1, 1, 1, 2, 3, 3으로 그림을 배치했다고 합시다. 그 경우 힘을 모았다가 갑자기 팍 튀어나가는 느낌이 되지 않을까요? 혹은 공중에 두 발이 떠 있는 그림을 2번에 그린 후 1, 2, 2, 2, 3, 3으로 그림을 배치한다면 한 보를 뛸 때 두우우웅 하고 뛰는, 이런 달리기가 되겠죠. 너무 어렵죠. 굉장히 어렵습니다. 그런데 아까 표뇨는 어디에서 뛰었습니까? 심지어 물 위에서 뛰었죠. [사각형 밑에 물결을 그린다.] 이 밑이 바다인 겁니다. 정말 신기하지 않습니까? [청중이 웃는다.]

내가 이 장면 분할에 대해 생각하면서 떠올렸던 굉장히 재미있는 역설이 있습니다. 파르메니데스의 제자였던 제논은 평생에 걸쳐 공간과 시간의 무한한 분할에 대해 고민했죠. 여러분 모두 미분과 적분에서 무한소와 무한대의 개념을 배웠습니다. 제논의 가장 유명한 역설은 화살 역설이죠. 제가 여기서 화살을 쏘겠습니다. [분필을 들고 강단 한 편에서 맞은편으로 이동한다.] 화살은 과녁에 가서 꽂힐 겁니다. 0.1초 걸렸다고 하겠습니다. 우린 이제 콤마로 생각할 수 있습니다. 이 화살의 움직임을 2콤마로 그릴 수 있죠. 아직 자연스럽게 움직이는 것처럼 보이지는 않겠지만 어쨌든 화살은 처음 그림에서 반을 움직이고 두 번째 그림에서 나머지 반을 움직입니다. 이제 10콤마로 그립니다. 그림이 0.01초 단위로 그려집니다. 화살의 움직임은 슬로 모션이지만 실제와 거의 유사한 유연성을 가지게 될지도 모릅니다. 그렇다면 무한대로 나눠보겠습니다. [강단 끝에 선다.] 여기서 0.000000000… [청중이 웃는다.] 화살이 이동할 수 있습니까? 과녁까지 못 갑니다. 어떤 문제가 일어났나요? 무한대로 나누게 되면 화살은 0초에 무한하게 가까워지는 무한소 단위로 움직입니다. 0에는 무한대를 곱해도 0입니다. 화살은 움직일 수 없죠. 나에게는 이 상황이 애니메이터들의 작업에 대한 아주 유익한 알레고리처럼 느껴집니다. 나누는 게 능사가 아니죠. 또한 많이 나눈다고 움직임이 무조건 실제와 같아지는 것도 아닙니다. 이 모든 문제들을 애니메이터들은 **직관적으로** 해결해야 합니다. 여기서 중요한 것은 재편성이죠. 다시 이어지면서 그 그림들은 이전에는 없던 새로운 무엇인가를 획득합니다. 우리는 포뇨가 뛰는 모습을 보면서 즐거워하죠. 사실 우리는 이미 그 바탕에 전제되어 있는, 말하자면 그 작은 금붕어가 바로 그 순간 너무나도 살아 있다는 사실, 바로 그 **생명력**에 공감하고 있는 것입니다. 포뇨의 에너지, 소스케를 향한 순수한 사랑. 여러분, 이것들을 도대체 우리는 어떻게 그릴 수 있습니까?

[‘**모노노케 히메는 이렇게 살아 있다** 「もののけ姫」はこうして生まれた’ 2001, 제2부 01:15:27~01:18:09]

하야오 감독은 풀이 제일 그리기 힘든 사물 중 하나라고 말한 적이 있습니다. 어떻게 그릴 수 있을까요? [풀 모양을 그린다.] 아마도 이걸 풀이라고 생각하는 사람은 없겠죠. 우린 이걸 이제 풀로 만들어야 합니다. 문제가 복잡해지기 시작하죠. 일단 아무리 미세하더라도 바람이 있을 겁니다. 그리고 빛. 단순한 태양빛 이상의, 그 빛에 의한 어떤 온도가 존재할 겁니다. 게다가 아주 미묘한 차이로 색이 계속 변합니다. 방금 영상에서는 갑자기 소나기가 내리기 시작하죠. 빗물을 머금은 풀잎은 이전과 다른 방식으로 움직입니다. 조금 무거워졌죠. 굉장히 어렵습니다.

미야자키 하야오 감독은 2013년도에 '바람이 분다'라는 작품을 마지막으로 은퇴를 선언했습니다. 그래서 작년에 이 똑같은 강연을 할 때 저는 아주 슬펐습니다. 하지만 올해 3월 하야오 감독은 3년 반 만에 은퇴를 번복했죠. 지난해 10월 암으로 타계한 지브리의 색채 설계 담당 야스다 미치요의 유언 때문이라는 얘기가 있었습니다. 방금 전 영상에서 풀잎의 색을 함께 고르던 이가 그녀죠. 코난 때부터 하야오 감독과 함께했던 지브리의 수장 중 한 사람이었습니다. '바람이 분다'는 하야오 감독의 마지막이 될 뻔했던 의미 있는 작품입니다. 전범기업 미츠비시사의 기술자를 주인공으로 해서 제국주의를 미화하려는 의도가 있지 않았냐는 의혹이 제기되면서 특히 우리나라에서 많은 논란이 있었습니다. 제로센 전투기를 개발한 호리코시 지로의 삶을 그렸죠. 사실 하야오 감독은 유명한 반전주의자입니다. 실제로 이 영화에서 역시 그 메시지가 아주 강력하게 드러나 있죠. 하지만 그가 감내해야 했던 비판과 수많은 오해도 그가 선택했던 길이라고 나는 생각합니다. 그는 알고 있었습니다. 표현에는 책임이 따르죠. 이 작품이 굉장히 아름다운 작품임은 확실합니다. 하야오 감독은 어렸을 때부터 비행기를 굉장히 좋아했습니다. 그의 영화에는 언제나 비행과 바람이 있습니다. 바람은 하야오 감독의 상징과도 같죠. 지금 여러분에게 두 종류의 바람을 보여드리겠습니다.

['바람계곡의 나우시카風の谷のナウシカ' 1984, 00:09:12~00:09:32]

어떤 바람이었나요? 사막에서 나우시카가 메베라는 글라이더를 탑니다. 메베가 참 예쁘게 생겼죠. 믿기 힘들 정도로 가볍게 떴습니다. 그 순간에 아마 바람이 있었겠죠. 아주 미세하지만 기류를 받으면서 동체가 진동하는 게 느껴집니다. 그리고는 쇄악 하고 멋지게 날아가죠. 바람이 시원하지는 않습니다. 건조하고 조금은 무겁게 느껴지죠.

['마녀 배달부 키키魔女の宅急便' 1989, 00:06:52~00:07:58]

바다가 보이는 마을로 갈 거라고 하죠. 키키는 13살입니다. 13살이 되면 마녀는 처녀비행을 합니다. 이들에게 처녀비행은 처음으로 독립하는 것을 의미합니다. 집과 멀리 떨어진 다른 마을로 날아가 정착한 뒤 1년을 살아야 마녀 수행이 끝납니다. 성장하는 것이죠. 지금 처음 비행을 한 겁니다. 정말 좋은 바람이지 않았습니까? 꽉 차 있고 시원합니다. 하야오 감독은 영화의 첫 부분 바람의 언덕 장면에서 정교하게 표현된 풀잎들의 미술과 어우러져 조금은 차가운 바람이 잘 나왔다고 말했습니다. 멋진 말이죠. 그건 단순한 바람이 아닙니다. 여행을 앞둔 키키가 느끼는 두근거림을 담고 있죠.

바람을 그릴 때 우리는 무엇을 그립니까? 바람을 어떻게 그릴 수 있습니까? 풀을 그리죠, 풀. 펄럭이는 옷도 그립니다. 바람을 그리기 위해선 바람을 제외한 모든 것을 그리면 됩니다. 그렇지 않습니까? 굉장히 어렵죠. … 건축은 무엇을 표현합니까? [空間이라고 쓴다.] 이건 비어 있는 사이라는 뜻이죠. 다시 말해서 여러분과 납니다. 여러분과 나의 사이죠. [청중과 강단 사이의 빈 공간을 가리킨다.] 이걸 어떻게 만듭니까? 여러분을 만들죠. 그리고 나를 만듭니다. 똑같지 않습니까? 바람을 그리는 것과 건축이. 세계를 그림으로써 바람이 드러납니다. 그것은 건축에서도 마찬가지입니다. 결국 사물의 표현이죠. 똑같은 직관력입니다.

['천공의 성 라퓨타天空の城ラピュタ' 1986, 00:03:52~00:06:12]

기계들이 움직입니다. 우리는 기계에 마음이 없다고 안심하지만 사실 인간은 기계에 마음을 준다고 하야오 감독은 말했습니다. 그는 기계의 자기희생은 아무리 흉포한 주인의 말에도 순종하는 개의 충실한 마음, 무구한 헌신과 같으며 그것이 바로 기계의 본질이라고 했죠. 하야오 감독은 개를 키운 적이 있습니다. 그리고 바로 이 늙은 개가 키키의 고양이 지지를 구해주죠. 그는 자신의 개가 늙어가는 것을 보며 생명이란 수면에 퍼지는 물결과 같은 것일지도 모른다는 생각을 어렴풋이 하게 되었다고 합니다. 일단 기계는 움직입니다. 방금 기계들이 마치 살아 있는 것처럼 보이지 않았나요? 굉장히 열심히 일을 하죠. 하야오 감독은 기계를 정말 잘 그립니다. 어딘지 사랑스럽게 그리죠. 자동차, 전차, 비행기… 루팡이 타는 자동차는 시트로앵 2CV입니다. 하야오 감독의 애마였죠. 그는 차를 탄다면 우선 이상한 차를 타고 싶다고 말했습니다. 루팡과 지겐이 카지노에서 뛰쳐나와 이 차를 몰고 질주합니다. 정말 엉망진창으로 달리죠. 그런데 이 **엉망진창**이라는 단어가 굉장히 묘하지 않습니까? 기계에는 어울릴법하지 않은 단어죠. 하지만 루팡의 시트로앵은 정말 엉망진창으로 달립니다. 우리는 기계에 마음을 줍니다. 왜 그렇습니까?

우리는 움직임의 주제로 돌아왔습니다. 하야오 감독의 평생에 걸친 주제는 생명이었습니다. 생명이란 도대체 무엇인가? 이 주제를 탐구하면서 그는 아이러니컬하게도 많은 기계를 그렸죠. 그의 기계들은 마치 살아 있는 것처럼 움직입니다. 그는 실제로 애니메이션은 거짓말을 하는 기술이라고 한 적이 있죠. 그 기계들은 단순히 살아 있는 것처럼 보이는 걸까요? 그러나 그들의 움직임이 조약돌보다는 딱정벌레의 그것에 더 가까워 보이지 않습니까? 생명이 있는 것은 움직이죠. 그런데 우리는 지금 반대로 **움직임이 생명을 만들어내는** 상황을 목격하고 있는 것처럼 느껴집니다.

군대에 있을 때는 모든 게 새롭고 신기하게 보입니다. 나도 마찬가지였습니다. 내가 자대 배치를 받고 얼마 되지 않은 시점이었습니다. 아침에 근무를 나가려고 자동차 보조석에 앉아 대기를 하고 있었는데 마침 창밖 잔디밭으로 참새 무리가 날아와 여기저기 헤집고 다니기 시작했죠. 아주 가볍게 통통 튀면서 참새들은 끊임없이 움직였습니다. 그때 내가 무슨 생각을 했는지 아십니까? 나는 이렇게 생각했습니다. **아, 저 새들은 정말로 살아 있구나**. 정말 그렇게 느꼈습니다. 경이로웠죠. 그 참새들이 그러한 방식으로 움직인다는 사실이 너무나도 신기했습니다. 나는 애니메이션이 바로 그런 것이라고 생각합니다. 그것이 애니메이션이 가지고 있는 힘이죠. **생명**을 느끼도록 합니다. 그런데 이 사실이 정말 아이러니컬합니다. 아까 포뇨가 이 스크린 위를 막 뛰어갔습니다. 정말 미친 듯이 뛰어갔죠. 우리는 그 금붕어가 여러 장의 연속되는 그림들이라는 사실을 이성적으로 이미 알고 있습니다. 하지만 바로 여기에서 그 아이가 **뛰어갔죠**. 그렇다면 그 순간 그 금붕어에게 생명이 없었다고 말할 수 있습니까? 그것은 단순히 연속 재생된 그림이기 때문에? 아니면 어느 순간부터인가, 우리가 지금 이 이야기를 하는 과정의 어느 시점에서부터 생명이라는 것의 정의가 조금 모호해지지는 않았습니까? 문제는 왜 이런 혼란이 발생하느냐 하는 것입니다.

나는 여러분에게 내가 아주 좋아하는 책의 한 구절을 읽어드리려고 합니다. 생텍쥐페리의 '야간비행'의 한 단락입니다. 눈을 감고 잘 들어보시기 바랍니다. "그는 조종석에 머리를 파묻었다. 형광 계기 바늘이 빛을 발하기 시작했다. 차례차례 숫자를 점검하고 나자 마음이 흐뭇했다. 이 밤하늘 속에 단단하게 안착되어 있다고 느꼈다. 그는 손가락으로 비행기 날개의 강철 소골 부분을 쓸어보며 그 속에 생명이 흐르고 있음을 느꼈다. 그 금속은 진동하는 게 아니라 살아 있었다. 오백 마력 엔진이 이 물체에 아주 부드러운 전류를 흐르게 하여 얼음처럼 차가운 강철을 벨벳처럼 보드라운 살로 변하게 한 것이다. 다시 한 번 조종사 파비앵은 비행하는 동안 현기증도 도취도 아닌 살아 있는 육체의 신비로운 작용을 경험했다…" 생텍쥐페리는 실제로 조종사였죠. 이제 '바람이 분다'의 한 장면을 보여드리겠습니다. 내가 가장 좋아하는 장면이죠. 소리를 잘 들어보세요.

['바람이 분다風立ちぬ' 2013, 00:00:58~00:03:43]

비행기가 어떻게 떴나요? [자세를 낮췄다가 팔을 양쪽으로 뻗고 숨을 천천히 들이쉬면서 서서히 일어난다.] 이렇게 날아갔죠. 새죠? 여러분. 새입니다. 내가 소리를 잘 들어보라고 했죠. 다른 장면을 하나 보여드리겠습니다.

['바람이 분다風立ちぬ' 2013, 01:03:18~01:04:23]

여러분 소리가 어땠습니까? 엔진 소리를 사람이 입으로 냈죠? 부우우우우웅 하고 사람이 소리를 냈습니다. 이 영화가 개봉한 후 외국의 한 비평가가 구식의 사운드 에디팅 방식을 사용했다고 기사를 쓴 적이 있어요. 그는 전혀 이해하지 못한 것이죠. 실제 엔진 소리를 녹음하는 건 전혀 어려운 일이 아니었을 겁니다. 훨씬 더 사실감을 줄 수 있었을지도 모르죠. 하지만 사람이 직접 입으로 소리를 낸 겁니다. 생명이죠. 정말 근사하지 않습니까?

['꿈과 광기의 왕국夢と狂気の王国' 2013, 01:52:04~01:53:19]

인터뷰 마지막에 하야오 감독은 아마도 우리는 어딘가 먼 곳 너머로 갈 수 있을지도 모른다고 말합니다. 이 영상은 그가 은퇴 기자회견을 하러 들어가기 직전에 찍었던 겁니다. 내가 살아온 동네가 어느 순간 너무나도 신기한 곳으로 바뀌죠. 그게 애니메이션입니다. 애니메이션은 어떤 가능성입니다. 우리는 바로 이 시점에 태어나 존재하게 됨으로써 다른 모든 가능성을 잃어버리죠. 애니메이션은 내가 전혀 존재하지 않았던 시간과 세계에 대한 향수입니다. 그것은 또한 애니메이션뿐만이 아니라 모든 표현의 출발점이기도 하죠. 이것으로써

우리의 존재가 더 풍부해집니다. 예술가들이 가지고 있는 가장 큰 역할은 일상을 새롭고 신기하게 만들어주는 것이라고 데이비드 호크니는 말했습니다. 그것은 또한 우리 건축가의 임무이기도 하죠. 이 세상이 조금 더 살고 싶어지지 않을까요? 방금 영상에서 나왔던 모든 주인공들은 정말 너무 열심히 살아가고 있지 않았습니까? 하야오 감독은 우리가 이 삶을 그저 끝까지 살아내는 것 자체가 가장 대단한 일이라고 했습니다. 그의 1997년도 영화 '모노노케 히메'는 여러 면에서 정말 대단한 작품이죠. 이건 진심으로 꼭 보시기를 추천하겠습니다. 지금 이 영화 포스터 카피가 뭐라고 쓰여 있나요? **살아라**生きろ라고 쓰여 있습니다. 카피라이터 이토이 시게사토와 미야자키 하야오 감독은 40번을 수정한 결과 이 카피로 결정을 했죠. 이 2시간 남짓한 영화를 위해 그와 지브리 스튜디오는 14만 4천 장의 작화를 그렸습니다. **살아라**라는 말을 하기 위해서 말입니다.

[**'모노노케 히메**もののけ姫' 1997, 00:02:46~00:06:07]

타타리가미라는 말이 나옵니다. 우리나라에서는 재앙신으로 번역이 되었죠. 타타리가미는 원래 숲의 수호신이었습니다. 숲을 보호하고 숲에 생명을 불어넣습니다. 그러나 인간이 철로 만든 총알이 가슴에 박혀 재앙신이 되었죠. 방금 여러분이 본 3분 남짓한 재앙신 장면을 위해 그려진 작화 수가 5천3백 장입니다. 촉수의 움직임을 표현하기 위한 것이었죠. 웬만한 중편 애니메이션의 총 작화 수와 맞먹습니다. 이 촉수는 무엇을 의미할까요? 하야오 감독이 당시 신입 애니메이터들을 모아놓고 진정으로 증오를 느껴본 적이 있는지 물어봤습니다. 아무도 선뜻 대답을 하지 못했죠. 그때 하야오 감독은 자신이 정말 주체하지 못할 정도의 증오에 사로잡히면 마치 온몸의 땀구멍에서 무엇인가 더럽고 끈적끈적한 것이 흘러나오는 듯한 느낌이라고 얘기했습니다. 그게 재앙신이죠.

나는 오늘 여러분에게 많은 질문을 했습니다. 여러분이 조금이나마 혼란스러워졌다면 나는 성공했다고 생각합니다. 그 혼란은 아마도 표현을 통해 우리가 믿고 있던 경계들이 모호해지면서 발생한 것이죠. 달리는 금붕어와 수많은 기계들, 새처럼 떠오르는 비행기에서 우리는 무엇을 봤습니까? 애니메이터는 더 이상 살아 있는 무엇인가를 관찰하고 그대로 그림이 살아 있는 것처럼 보이도록 만드는 기술자가 아니죠. 그들은 완전한 무에서 시작합니다. 생명에서 움직임으로의 방향이 아니라 **움직임에서 생명으로의 방향**으로 가는 겁니다. 결국 그들은 아니마를 그린 것이 아니라 그들의 그림 자체가 아니마가 된 것이 아닙니까? 세잔의 사과처럼 말입니다.

['이웃집 토토로となりのトトロ' 1988, 00:18:02~00:20:53]

하야오 감독은 태풍의 하룻밤을 그려서 두근거리는 영화를 만들고 싶었죠. 사츠키는 돌풍을 만납니다. 밤바람에 집이 흔들리죠. 밤에 문득 눈이 떠졌는데 아버지가 일어나 쇠망치를 들고 정원 뒤에서 덧문을 두드리고 있습니다. 그걸 보고 두근두근하죠. 어쩌면 집이 날아가 버릴지도 모른다는 생각이 들어서… 나무가 바람에 휘어지고 나뭇잎이 엄청 날아옵니다. 그리고는 돌연 사방이 아주 고요해지죠. 그러다가 갑자기 창문들이 미친 듯이 덜컹거립니다. 정말로 이렇지 않습니까? 우린 이런 것들을 아주 생생하게 상상할 수 있습니다. 하야오 감독과 함께 지브리를 설립한 다카하타 이사오 감독은 그에게 아주 사소한, 이를테면 밖에 떨어져 있는 도토리와 같은 것들만이라도 제대로 만든다면 **경험**을 선명하게 표현할 수 있다고 했습니다. 이건 정말로 개인의 어떤 섬세한 경험, 두근거림입니다. 그만의 것이죠. 포뇨의, 키키의, 혹은 사츠키의. 모든 사람이 이런 하룻밤을 실제로 경험할 정도로 운이 좋지는 않습니다. 태풍의 하룻밤을 겪어본 사람은 겪어보지 못한 사람과는 확실히 다릅니다. 이걸 애니메이션이 우리에게 전달해주죠. 그것은 만든 이들의 일부분이기도 하지만 동시에 우리들의 일부분이 되기도 합니다. 나는 이것이 우리들의 목표라고 생각합니다. 말하자면 건축의.

우리들은 우리 삶의 축적이죠. 사실은 우리들이 가진 경험이 우리들의 전부라고 말해야 하는지도 모릅니다. 하야오 감독은 언제나 어린아이들에게 만화영화를 많이 보지 말라고 말합니다. 그 시간에 아이들은 실제로 밖으로 나가 무엇인가를 만지고 보고 들을 수 있기 때문이죠. 성공적인 애니메이션은 좋은 경험이 됩니다. 건축도 마찬가지죠. 그 반대도 성립합니다. 좋은 애니메이션과 건축을 만들기 위해서는 우리에게 축적되어 있는 것들이 많아야 하죠. 나는 이 사실을 실제로 처음 하야오 감독의 영화를 통해 배웠습니다. 실감했죠. 그리고 나는 내가 할 수 있는 것을 통해 나름대로 그것을 해보려고 노력합니다. 내가 그림을 못 그리기는 하지만 그것이 애니메이터가 아닌 건축가를 선택한 이유는 아닙니다. 나는 처음부터 줄곧 건축가가 되고 싶었죠. 내가 영국에서 학교를 다니던 시절 그 꿈을 결정했을 때 나는 처음으로 하야오 감독의 '모노노케 히메'를 봤습니다. 그게 내가 봤던 그의 첫 작품이었습니다. 충격이었죠. 14만 4천 장의 그림이잖아요. 도대체 무엇을 위해 저렇게까지 했을까. 정말 멋지다고 생각했습니다. 어떤 말로 형용할 수 없는 희망과 기대감을 느꼈죠. 나는 항상 건축에 대한 막연한 이상과 꿈을 가지고 있었지만 내가 건축 안에서 지향해야 할 목표점을, 동시에 나의 출발점이자 동기 역시도, 건축이 아닌 곳에서 처음 찾아냈고 이해하게 된 것은 분명합니다.

나에게 개인적으로 굉장히 놀라웠던 이야기를 여러분에게 들려드리고 끝내도록 하겠습니다. 하야오 감독이 특별 수업으로 초등학교에서 학생들에게 해주었던 이야기가 있습니다. 애니메이터 중에는 특별히 바람에 흔들리는 나무나 흐르는 물과 같은 것들을 잘 그리는 사람들이 있습니다. 이들이 똑같이 잘 그리는 또 한 가지가 무엇일까요? 바로 **군중**입니다. 나는 이 이야기를 듣고 우주의 비밀 한 부분이 베일을 벗는 듯한 충격을 느꼈습니다. 정말 놀랍지 않습니까? 사실 어떻게 보면 정말 당연한 일이죠. 흔들리는 나무속에서는 나뭇잎들이 함께 움직입니다. 흐르는 물속에서는 물 분자들이 함께 움직이죠. 군중도 마찬가지입니다. 그 속에서 개개인들이 함께 움직입니다. 이 말을 하면서 하야오 감독은 자신이 거의 50년에 가까운 세월 동안 움직임에 초점을 맞춰 이 세계를 관찰하고 그리다 보니 모든 것을 **움직임** 하나로 이해할 수 있지 않을까 하는 생각을 하게 됐다고 말합니다. 목성의 고리가 회전하는 것과 [물병을 들어 올려 돌린다.] 지금 이 안에서 물이 빙빙 도는 것이 사실은 똑같다는 것이죠. 그리고 그 사실을 이미 애니메이터들이 증명했습니다. 재미있는 사실은 바로 이와 똑같은 이야기를 그리스의 철학자 헤라클라이토스도 했다는 겁니다. 그는 모든 사물은 **불 원소**로 이루어져 있다고 했습니다. 영원히 타는. 모든 게 움직임이라고 생각한 것이죠. 그는 모든 것은 흐른다고 했습니다.

우리가 이 세계를 인식하는 것은 오로지 우리의 맥박이 뛰는 속도 속에서입니다. 만약 누군가의 맥박이 10000배 느리게 뛴다고 합시다. 그에게는 낮과 밤의 개념이 없을 겁니다. 해, 달, 해, 달, 해, 달의 아주 빠른 연속이겠죠. 그에게는 아마도 철이 녹스는 것이 눈에 보일지 모릅니다. 우리는 이제 그에게 과연 무엇이 존속하는지 물어볼 수 있습니다. 이게 바로 철학사죠. 움직임과 고정. 생성과 존재라고 쓰겠습니다. 역사적으로 철학자들은 존재는 불변한다고 생각했습니다. 반대로 생성은 끊임없이 새로워집니다. 이 두 시점에서 세계를 논박하는 것이 철학의 역사죠. 그리고 이 두 개념에 대한 표현의 시도가 다시 예술사입니다.

우리가 표현을 시도함으로써 나는 우리가 우리 스스로의 존재에 이바지하고 있다고 생각합니다. 말하자면 나의 실현이죠. 나는 여러분에게 이 점을 강조하고 싶습니다. 표현은 무엇에 대한 것이 아니며 그 자체로 끊임없이 되고 있는 생성과 같은 것입니다. 그것은 스스로 무엇인가를 만들어냅니다. 태풍의 하룻밤과 같은. 어느 누구도 그걸 가짜라고 말할 수 없습니다. 가짜가 아니니깐요. 그리고 그것은 나 자신의 일부가 되죠. 그리고 우리가 아주 운이 좋다면 우린 그걸 다른 누군가와 나눌 수 있을지도 모릅니다. 나는 미야자키 하야오 감독이 생명을 그렸다고 생각하지 않습니다. 그가 그린 것이 생명이 됐죠. 나는 그의 영화를 보는 매 순간 스스로 살고 싶어집니다. 금붕어가 사랑스러운 것뿐만 아니라 나 역시 그렇게 온 힘을 다해 뛰고 싶은 것이죠. 그 운동 에너지와 삶에 대한 열정이 그대로 나에게 전달됩니다. 난 이것이 정말로 대단한 일이라고 생각합니다. 그가 연필을 대기 전 종이는 백지에 불과했으니까요. 말하자면 표현은 그에게 있어 삶 자체였습니다.

난 실제로 한 번 그를 만난 적이 있습니다. 2011년 봄이었는데, 워크숍 일정이 끝나고 혼자 조용히 지브리를 보러 갔었죠. 난 상상도 하지 못했던 일이었습니다. 골목길 오른쪽 끝에서 앞치마를 걸치고 걸어오는 그의 모습이 보였습니다. 그가 종종 산책을 한다는 사실은 알고 있었죠. 나는 순간 머릿속이 멍해졌습니다. 그는 나를 지나쳐 코너를 돌아 스튜디오 본관으로 들어가는가 싶더니 다시 돌아 나와 반대편 건물로 향했는데, 나는 순간 정신이 들었습니다. 헐레벌떡 뛰어가서 그에게 어떤 말인가를 했는데 그는 아마 웃었던 것 같습니다. 난 투박한 나뭇조각 같던 그의 손을 잊을 수 없습니다. 굉장히 크고 딱딱했죠. 내가 조심스럽게 사진을 부탁하자 그는 역광이 들지 않도록 나를 빛이 잘 드는 울타리 쪽으로 데려가 함께 사진을 찍어줬습니다. 지금 생각해보면 정말 말도 안 되는 일이었죠. 정말로 만화 같은 순간이었다고 생각합니다.

나는 마지막으로 내가 매일 나 스스로에게 되새기는 그의 말을 여러분에게 해드리겠습니다. "나는 이 세계를 나의 아주 일상적인 규범들을 통해서만 인식합니다. 그리고 그게 내 삶에 있어서의 전부입니다."

들어주셔서 감사합니다.

그 같은 주형이 우리 인생에 빛을 반사할 만큼 투명하면서도,
예술 작품의 초월성이 갖는 침착하고 조용한 화합물이기를…

「어느 작가의 일기」

2015. 12. 2

꿈속에서 나는 오리였다. 어쩌면 오리 날개를 가진 인간이었는지도 모른다. 점점 힘이 빠지는 것을 느끼며 양 팔(혹은 날개)을 퍼덕였다. 천천히 하강했지만 물의 표면까지 내려가서는 다시 치고 올라왔다. 무엇인가에 쫓기고 있었고 끊임없이 움직여야만 했다. 두 다리(혹은 꼬리가 있는 엉덩이)를 뒤로 들어 올리고 가슴을 앞으로 숙이려고 노렸했다. 이편이 날갯짓을 하는 데 더욱 편하고 가벼웠기 때문이다. 그러나 잠에서 깬 후 나는 실제로 새들이 그런 방식으로 비행을 하는지 의심스러웠다. 발 밑으로 늪과 숲과 바다와 듬성듬성 떠 있는 큰 바위들, 혹은 섬들이 끊임없이 지나갔다. 아름답고 우울한 풍경들이었다. 기묘한 염전 위를 날아가는데 얕은 해수면 밑으로 원판 모양의 조각난 소금 덩어리들이 수없이 많이 보였다. 각 조각들은 서로 다른 색으로 빛나고 있었다. 큼지막한 붉은 소금 조각을 두 발(혹은 날개 끝)로 옮겨

놓고 다시 떠오르자 누군가 나와서 그 조각을 제자리에 맞춰 두는 것이 작게 보였다. 나무로 둘러싸인 호수가 가까워져 왔다. 그 한가운데에는 섬과 나무가 있었다. 그곳은 아마도 나의 집인 듯했다.

감사의 글

나는 이 책을 만드는 덕분으로 내가 사랑하는 작가들의 문장들을 다시 한 번 써볼 수 있었다. 내가 훔치듯 필사했던 그 문장들은 이제 나에게 더 강력한 책임 의식을 부여하며 나를 끌고 간다. 이 기회를 마련해주신 신원혜 교수님께 진심으로 감사의 말씀을 드린다. 루이스 칸의 말을 빌리자면 나는 그분으로부터 건축에 내 나름의 방식으로 기여하도록 하는 동기와 용기를 받았다. And I am indebted to Gary Joseph Turnham, who has with passion provided me with critical arguments and comments on the English texts.

존재하지 않는 것의 기록: Writing Architecture

초판 1쇄 발행 2017년 10월 9일

지은이 | 홍석범
펴낸이 | 최봉조
펴낸곳 | 진샘미디어
제작 지원 | 신원혜
표지 교정 | 심석용

출판신고 제311-2005-000025호
서울시 은평구 연서로5길 28 부호아파트 102동 상가5호
전화 02) 353 4421, 팩스 02) 353 4431
홈페이지 www.jinsaem.co.kr

ISBN 979 11 85504 92 6 03610